펫닥터스
PET DOCTORS

sky Pet park 〈펫 닥터스〉 제작팀

비타북스

건강하게 오래도록 함께하고 싶은 반려동물을 위해
〈펫 닥터스〉와 동행하세요

반려동물과 함께 살아가는 인구가 1,000만이 넘는 시대가 되었습니다. 하지만 반려동물에 대한 의학 정보와 필수 지식을 제대로 알려주는 TV 프로그램은 전무후무한 상태였지요. 천만 반려인을 위한 정보 프로그램의 필요성을 느낀 sky Pet'park에서는 보호자와 반려동물이 건강하고 행복하게 살아가는 방법을 제시하고 성숙한 반려동물 문화를 만들어 나가기 위해 〈펫 닥터스〉를 기획하게 되었습니다.

대한민국 최초 본격 반려동물 종합 컨설팅 프로그램인 〈펫 닥터스〉는 대한민국 대표 수의사 군단이 출연해 반려동물의 건강과 질병, 올바른 관리법, 사람과 동물 사이의 에티켓 등 반려동물 문화 전반에 대한 알찬 정보를 소개해 시청자에게 큰 호응을 얻었습니다. '아토피 피부염 아이 때문에 반려동물을 키울 수 없다?' '예방접종은 반드시 매년 해야만 한다?' '개에겐 북어가 보약이다?' 등 반려동물을 키우며 수없이 들어왔던 속설 혹은, 인터넷에 떠도는 수많은 정보 중에 무엇이 진실이며 무엇이 거짓인지, 그 누구도 알려주지 않았던 질문에 해답을 주기도 했습니다. 풍부한 임상 경험을 가진 국내의 내로라하는 수의사들이 실제 사례와 과학적 근거에 기반해 알려주는 정보라서 더욱 신뢰를 얻을 수 있었답니다. 애견인·애묘인 필수 시청 프로그램으로 자리 잡은 〈펫 닥터스〉는 현재 시즌2까지 방영되어 여전히 사랑받고 있으며, 시즌3 제작을 앞두고 있습니다.

〈펫 닥터스〉시즌1, 시즌2의 핵심 정보를 한눈에 보기 쉽게 담아낸 이 책은 방송에서 미처 다루지 못한 소소한 정보까지 꼼꼼하게 소개하고 있습니다. 〈펫 닥터스〉의 애청자는 물론, 방송을 아직 보지 못한 반려인 모두가 곁에 두고 수시로 보며 활용한다면 일상에서 느끼는 궁금증과 불안감이 사라질 것입니다. 사랑하는 나의 반려동물과 행복하게 오래오래 살기 위해 〈펫 닥터스〉와 함께하시길 바랍니다.

〈펫 닥터스〉제작팀

대한민국 최고의 수의사 군단,
펫 닥터스를 소개합니다!

〈펫 닥터스〉시즌1. 시즌2에서 반려동물에게 꼭 필요한 전문 지식과 생활 정보를 소개하며, 대한민국 반려가족의 사랑과 신뢰를 한 몸에 받은 그들이 돌아왔다! 반려동물의 마음까지 어루만지는 따뜻한 조언, 반려가족의 고민과 어려움을 덜어주는 특급 노하우를 이 책에 담아 전한다.

강무숙 수의사
동물제중원금손이

강종일 수의사
충현동물종합병원

권대현 수의사
메이동물병원

권영항 수의사
캐비어동물메디컬센터

김미령 수의사
마이캣클리닉

김선아 수의사
해마루케어센터

김재영 수의사
태능종합동물병원

박지혜 수의사
래이동물의료센터

서상혁 수의사
VIP동물병원 성신여대점

유경근 수의사
방배한강동물병원

윤병국 수의사
청담우리동물병원

윤홍준 수의사
월드펫동물병원

이민지 수의사
치료멍멍동물의료센터

장운기 수의사
미래지동물의료센터

한재웅 수의사
노원24시N동물의료센터

CONTENTS

Part 1

반려동물 입양하기

반려동물 처음 맞이하기

Part 4

반려동물의 질병과 응급처치

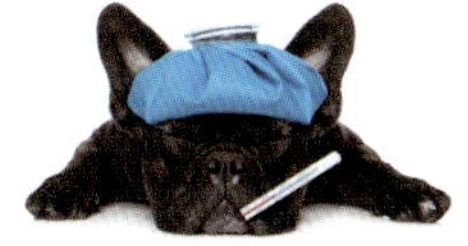

Part 5

반려동물의 성장과 출산·노화

반려동물 입양하기

반려동물의
의미

평생을 함께 살아가며 보호해야 할 존재인 반려동물을
입양하기 위해서는 알아보고 공부해야 할 내용이 많다.
그중 가장 먼저, 반려동물의 의미부터 생각해봐야 한다.
자신에게 반려동물은 어떤 의미인지, 반려동물을 왜 키
우려고 하는지, 반려동물을 끝까지 책임질 수 있는지 생
각해보고 다짐하는 시간이 꼭 필요하다.

예전에는 집에서 키우는 개와 고양이를 '애완동물'이라고 부르며 마치 주인 마음 대로 다뤄도 되는 소유물이라는 의미가 컸 지만 이제는 달라졌다. 평생을 같이한다는 의미로 '반려동물'이라고 부르고 조건 없는 사랑을 주고받는 가족의 한 구성원으로 받

아들이는 경우가 많아졌다. 반려동물과 생활하는 많은 사람이 그들에게서 가족과 같은 위안을 얻고, 함께 산책하고 장난칠 때는 오히려 그들이 친구 가 되어줄 때도 있다고 한다. 스트레스가 심한 날에는 함께 시간을 보내며 안정감을 얻는다고도 한다. 특히 아이들에게 반려동물은 특별한 친구이자 교사가 된다. 반려동물과 함께 지내면서 생명을 대하는 태도에 대해 배우 고 공감 능력도 키우게 된다. 단지 귀엽고 예쁜 애완동물이 갖고 싶은 마음 이라면 반려동물과의 이런 특별한 관계는 맺을 수 없을 것이다. 반려동물 을 기른다는 것은 육아와 많이 닮아 있다. 보호자가 기울이는 노력과 사랑 만큼 함께하는 기쁨도 더 커질 것이다.

🐾 반려동물을 키우려는 동기를 생각해보자

반려동물을 키우는 일은 신중하고 조심스럽게 결정해야 한다. 앞으로 평

생 책임지고 돌봐야 할 가족을 맞이하는 일이기 때문이다. 반려동물을 키우는 일에는 많은 책임과 의무 그리고 비용이 따르게 된다. 반려동물을 입양하려는 이유를 생각해보고, 현재 자신의 여건을 고려하여 입양할 것인지 말지 판단해야 한다. 반려동물을 키우는 이유는 사람마다 모두 다르겠지만 단 한 가지 변하지 않는 사실은 반려동물은 물건이 아니라는 것이다. 한번 키우기 시작하면 끝까지 책임진다는 생각을 가져야 한다. 보호자에게 버려진 반려동물은 유기동물 관련 동물보호법에 따라 관할 보호소에서 7일 이상 보호 공고를 하고, 공고일로부터 10일이 지나도 소유자나 입양자가 나타나지 않으면 안락사시키게 된다.

❄ 반려동물을 키우기 전에 임시보호를 통해 마음의 준비를 하자

예쁜 외모에 마음을 빼앗겨서, 아이들이 원해서 덜컥 반려동물을 키우기 시작했다가 힘이 들면 바로 유기하거나 다른 곳으로 보내는 경우가 많다. 이런 일을 사전에 방지하려면 임시보호 제도를 활용하는 것이 좋다. 임시보호는 유기동물이 입양되기 전에 개인이 임시로 보호해주는 제도로 잠시 반려동물을 키워보는 경험을 할 수 있다. 이때 보호하던 유기동물을 키우고 싶다면 입양을 요청할 수 있고, 아니면 다른 입양자에게 보내진다.

✿ 매일 책임지고 챙겨줄 사람이 필요하다

반려동물을 아끼고 사랑하며 즐거운 시간을 함께 보낼 생각은 우리를 기대에 부풀게 한다. 하지만 그런 감정만으로는 절대 행복한 생활을 누릴 수 없다. 감정이 앞서 반려동물을 입양한다면 곧바로 현실의 재앙이 눈앞에 펼쳐질 것이다. 반려동물에게는 매일 책임지고 제때 챙겨줄 책임자가 꼭 필요하다. 아이에게 부모와 가족의 도움이 필요하듯 반려동물도 마찬가지다. 깨끗한 물과 사료를 매일 제때 챙겨주고, 산책을 시키며, 배변 활동을 돕고, 깨끗이 씻기고, 빗질도 잊지 말아야 한다. 그밖에 사회성을 기를 수 있는 다양한 교육으로 가족과 친구, 다른 동물들과 원활하게 지낼 수 있도록 해야 한다. 이런 기본적인 보살핌의 과정을 책임질 수 없다면 반려동물을 입양하는 일은 다시 고민해봐야 할 것이다.

반려동물의
다양한 품종 알기

동물도 저마다의 특징과 성격이 있기 때문에 사람과 반
려동물 사이에도 궁합이란 것이 존재한다. 반려동물의
종류와 특징을 제대로 알고, 반려동물에 대한 이해를 넓
힌 다음 내가 키울 수 있는 종은 무엇인지 생각해보자.
자신의 성격은 물론 하는 일의 특성, 취미, 가족의 성향까
지 모두 고려해 선택하는 것이 중요하다.

반려견 인기 순위 1등, 몰티즈

- 원산지 이탈리아
- 체중 3.2kg 내외
- 크기 소형견

몰티즈는 3000~3500년 전부터 지중해의 몰타 섬에서 살았고 몰타 섬 주변의 카르타고, 로마, 그리스 같은 고대 도시 국가의 상류층에서 큰 인기를 얻었다. 사람이 인위적으로 만들지 않은 자연 품종 중에서 가장 예쁘고 충성심도 강해서 그리스인들은 몰티즈가 죽으면 주인 무덤 옆에 묻어주거나 개를 위한 사원을 만들어줬다고 한다. 고대 로마가 몰락하면서 인기가 사그라지다가 16세기경에 영국 엘리자베스 1세 여왕이 터키 왕으로부터 선물 받은 몰티즈를 애지중지 키우면서 귀족들 사이에서도 몰티즈 키우기가 대유행을 하게 되었다. 작은 개를 키우고 싶어 하는 귀족들 때문에 한때 크기가 다람쥐만큼 작아져서 귀부인들이 소매 안에 넣고 다닐 정도였는데, 여러 가지 건강 문제가 발생하면서 멸종 위기에 처하기도 했다. 이제는 현재의 모습처럼 커지고 건강도 되찾았다.

가장 아름다운 견종

반짝반짝 빛나는 눈과 새까만 코, 윤기 나는 하얀 털, 적당한 다리 길이를 가진 몰티즈는 가장 아름다운 견종으로 꼽힌다. 몰티즈는 어떻게 관리를 해주는지에 따라 외모에서 차이가 크게 나기 때문에 어떤 보호자들은 몰티즈의 외모에 지나칠 정도로 집착하기도 한다. 이런 사람들의 욕구 때문에 몰티즈의 외모는 계속해서 개량되었고 그 결과 유전적인 질병을 많이 갖게 되었다. 다른 품종에 비해서 심장 질환에 많이 걸리고 노인성 심장 질환도 일찍 발생한다. 따라서 6~8세가 되면 반드시 심장 질환 검진을 받아야 한다.

눈물이 많아요

선천적인 기형 때문에 눈물이 많이 나면서 눈밑의 흰색 털이 검붉게 착색된다. 긴 털이 눈을 계속 자극하면 눈물이 더 많아지므로 얼굴의 털을 짧게 잘라주고, 착색이 심하면 털을 아예 밀기도 한다. 또 눈물 검사를 해서 누관에 염증이 있는지, 실제로 눈물이 많은지, 다른 질병 때문인지 정확히 확인해봐야 한다. 내안각 성형수술로 효과를 보기도 하지만 눈이 작아지고

펫 닥터스 Tip

누관 마사지해주기

누관이 막혀 눈물이 바깥으로 흐르면서 자국이 남으면 누관 마사지를 해준다. 눈곱이 끼는 부분을 시작점으로 해서 코 방향으로 부드럽게 눌러주며 10~15회 정도 마사지해주면 누관이 막히는 현상을 줄여줄 수 있다.

미간이 넓어져 외모가 달라진다는 단점이 있다. 사실 털 착색보다 문제가 되는 것은 착색된 부분에 세균이 증식하면서 냄새가 나고 염증이 계속 생긴다는 것이다. 따라서 이 부분을 마른 솜으로 잘 닦아주고, 심하다면 연고 등을 처방받아 관리해야 한다.

반려견의 대명사, 요크셔 테리어

- 🦴 **원산지** 영국
- 🦴 **체중** 3.1kg 이하
- 🦴 **크기** 소형견

요크셔 테리어는 작은 몸집과 귀여운 외모, 장난꾸러기 같은 밝은 성격 덕분에 많은 사람에게 사랑받는 반려견이다. 영국에서 태어난 요크셔 테리어는 잉글랜드 북쪽의 요크셔 지방에서 쥐를 잡기 위해 만들어진 품종이다. 민첩한 테리어 품종의 개들은 해로운 짐승을 없애는 데 뛰어난 능력을 보이는데, 그중에서도 쥐를 잡는 데 특화되어 만들어진 품종이 바로 요크셔 테리어다.

빛나는 금발 머리의 쥐잡이

반짝반짝 윤기가 흐르는 우아한 금발 머리의 요크셔 테리어가 쥐를 쫓는 모습은 잘 어울리지 않는다. 그래서인지 요크셔 테리어는 쥐잡이보다는 반려견으로 더 많은 인기를 끌며 지금의 모습을 갖추게 되었다. 누구나 조금만 신경 써주면 멋진 털과 외모를 가꿀 수 있는 우아한 품종이니 정기적으로 빗질을 해주자.

작지만 똑 부러지는 성격

영국의 귀부인들에게 사랑받았던 요크셔 테리어는 몸집은 작지만 쾌활하고 자신감 넘치는 성격을 가졌다. 때론 자기보다 큰 동물과 사람에게도 겁 없이 마구 짖어대며 억센 모습을 보이는데, 영락없는 테리어 기질을 보여준다. 호기심이 많고 고집 센 모습도 보이지만 가족들과 잘 어울리며 아이들과도 잘 논다.

귀여움으로 전신 무장한 푸들

🦴 **원산지** 프랑스

🦴 **체중** 3.5 ~ 4kg

🦴 **크기** 소형견

푸들은 곱슬곱슬한 털과 예쁜 외모, 천사 같은 성격 덕분에 귀부인들이 좋아하면서 반려동물로 자리 잡게 되었다. 화이트와 블랙, 브라운을 넘나드는 다채로운 색의 곱슬곱슬한 털이 특징이다. 푸들은 털 알레르기를 일으킬 확률이 적은 품종이다. 사람들에게 키워지면서 점차 소형화되었고 크기에 따라 토이, 미니어처, 미디엄, 스탠더드 푸들이 있다. 토이 푸들은 10인치 크기에 3~4kg, 미니어처 푸들은 11~15인치 크기에 7~8kg, 스탠더드 푸들은 15인치 크기에 20~30kg 정도이다. 미디엄 푸들은 미니어처 푸들과 스탠더드 푸들 중간 정도의 크기와 몸무게를 갖는다.

혹시 천재 아닐까

새로운 명령어를 단 5회 만에 습득하는 '천재형'으로 머리 좋은 견종 2위다. 1위는 보더콜리. 반려동물을 처음 키우는 초보자도 쉽게 다양한 교육을 시킬 수 있다.

'3대 천사견'으로 꼽혀요

순한 성격을 자랑하는 푸들은 처음 반려동물을 키우는 사람이 기르기 좋은 견종으로 꼽힌다. 사람과도 금세 친해지며, 공격성이 적어 다른 품종과도 사이가 좋은 편이다. 착한 심성과 함께 애교도 많아 주인의 기분을 알아채고 눈치껏 행동하는 모습도 보인다.

온순의 아이콘, 시추

- 🦴 원산지 중국
- 🦴 체중 5 ~ 8kg
- 🦴 크기 소형견

시추의 고향은 중국이다. 중국에서는 사자가 악귀를 쫓아내고 재물을 지켜준다고 해서 굉장히 신성시됐는데, 사자가 없던 중국에서는 대신 사자를 닮은 시추를 신성하게 여겼다고 한다. 시추는 중국어로 '사자 그림'이라는 뜻으로 중국 사람들은 시추를 '사자 머리, 곰의 몸체, 낙타 발굽, 먼지떨이 같은 꼬리, 야자수 잎 같은 귀, 쌀알 같은 치아, 꽃잎 같은 혀, 금붕어 같은 동작'이라고 묘사한다. 중국의 고위 관료나 왕족만 키울 수 있을 정도로 귀하게 여겨지던 시추는 1980년대 우리나라에도 들어와 키우기 시작했다. 한국소비자원의 조사에 따르면 전체 반려견 중 15.3%가 시추라고 한다.

느긋하고 낙천적인 겁쟁이

누구에게나 꼬리를 흔들고 애교가 넘쳐 웃음을 많이 준다. 10마리 중 9마리는 성격이 굉장히 느긋하고 낙천적이다. 또 겁이 많아서 자신을 보호하기 위해 공격적이고 사나울 때도 있다. 덩치에 맞지 않게 식탐이 많다.

잔병치레가 많아요

시추는 입이 짧은 단두종이어서 코골이가 심하고 무호흡증을 보이기도 한다. 또 눈이 유난히 크고 앞으로 나와 있어 백내장 같은 안과 질환이 많이 발생하고 뒤통수를 치거나 귀 청소를 잘못해도 눈이 갑자기 튀어나오는 경우가 많다. 털이 긴 장모종이라 잘 관리해줘야 하며 특히 발바닥, 귀 뒤, 엉덩이 쪽은 더욱 꼼꼼하게 관리해야 한다. 발바닥 털과 발톱을 제때 안 깎아주면 습진이 잘 생기고 미끄러져서 앞다리가 부러질 수도 있다. 피부병이나 귓병에도 취약하며 디스크도 잘 생긴다.

해피 바이러스 발산체, 코카 스파니엘

- 🦴 **원산지** 영국
- 🦴 **체중** 10 ~ 12kg
- 🦴 **크기** 중형견

코카 스파니엘은 16세기부터 예민한 후각으로 새를 찾아 날아오르게 해서 사냥을 도와주던 플러싱 도그(Flushing Dog)였다. 사냥견으로 인기가 많았던 잉글리시 코카 스파니엘이 미국으로 건너가면서 아메리칸 코카 스파니엘이 되었고 사냥에 쓰이기보다는 반려견으로 자리 잡았다. 영국에서는 여전히 잉글리시 코카 스파니엘이 사냥에 이용되기도 한다.

진정한 에너자이저

1분 1초도 가만히 있지 않는 에너자이저. 겁이 많아서 움츠러들다가 자기를 보호하기 위해 갑자기 물어버리는 경우가 많다. 그렇지만 일단 보호자에 대한 신뢰가 쌓이면 무한한 애정을 표현하기 시작한다. 귀찮을 정도로 사람을 좋아하고 감정 표현이 솔직해서 기분이 좋으면 꼬리를 빠르게 흔든다.

나이 들어도 말썽꾼

개의 연령별 성장 과정을 보면 3~14주는 사회화기, 14주~6개월은 유년기라고 한다. 보통 유년기에는 호기심이 왕성하고 사고를 많이 쳐서 '개춘기'라고도 한다. 신체적인 성숙은 1세가 되면 완성되지만, 행동과 심리적인 면에서는 2세 정도가 되어야 성숙된다. 2세 이전에 어떤 교육을 받았는지에 따라 다르지만, 보통 2세가 되면 말썽을 부리던 개도 얌전해진다. 하지만 코카 스파니엘은 2세가 되어도 여전히 말썽을 부리는 경우가 많다. 비글, 슈나우저와 함께 '3대 악마견'으로 불릴 정도다.

작은 고추가 맵다, 치와와

- 원산지 멕시코
- 체중 3kg 이하
- 크기 소형견

치와와는 아주 오래전 중앙아메리카에서 발견된 품종이다. 아즈텍 문명에서는 개가 사후 세계를 안내해준다고 믿어서 가족이 죽으면 치와와를 같이 묻는 관습이 있었다. 아즈텍 문명이 멸망한 다음에는 떠돌이 신세로 오랫동안 방치되었다가 멕시코의 치와와 주에서 미국으로 건너가면서 '치와와'라는 이름을 얻게 되었고 반려견으로 소형화되었다. 19세기 말에는 거의 0.45kg까지 작아지기도 했다.

작은 몸속에 큰 개

작은 덩치와 달리 겁이 없다. 자기보다 훨씬 더 큰 개에게도 덤비고 절대

지지 않으려고 한다. 이런 특징을 '작은 몸속에 큰 개'라고 표현하기도 한다. 자기 것에 대한 집착이 강하고 경계심도 커서 낯선 사람에게 공격적이다. 반면 보호자에게는 애교를 많이 부린다. 치와와처럼 작지만 성격이 강한 개가 자신을 보스라고 생각하는 것을 '스몰 도그 신드롬(Small Dog Syndrome)', 일명 S. D. S.로 표현한다.

피부가 약해요

피부가 얇아 건성 피부염이 많이 생긴다. 보습이 부족하면 털이 많이 빠지기도 한다. 이럴 때는 보습을 강화하고 보습력 높은 샴푸를 사용해서 건성 피부염이 일으키는 또 다른 피부 질환을 예방해야 한다.

숨 막히는 매력덩어리, 불도그

- 원산지 영국
- 체중 23 ~ 25kg
- 크기 중형견

17세기 초 유럽에서 황소를 묶어 놓고 괴롭히는 역할을 담당했던 개가 불도그다. 이 경기가 사라진 뒤에는 불도그가 투견으로 명성을 얻다가 불 테리어가 나타나면서 투견 무대에서 밀려나게 되었다. 그래서 멸종 위기에 처하기도 했는데 애견전람회를 통해 성격이 온순하게 개량된 잉글리시 불도그가 만들어지면서 반려견으로 자리 잡았다. 중형견인 잉글리시 불도그와 소형견인 프렌치 불도그와 달리 대형견인 아메리칸 불도그는 덩치가 크고 힘이 세서 투견으로 이용된다. 불도그는 많은 개량을 거치면서 질병이 많아졌다. 사람들이 좋아하는 눌린 코 때문에 호흡기 문제가 생겼고 땅땅한 체구 때문에 척추 기형이 생겼다. 불도그는 거의 모든 부분에 결함이 있어서 수명이 가장 짧은 견종이다. 잉글리시 불도그의 평균 수명은 6.2년으로 골든 레트리버 12년, 시추 13년, 미니어처 푸들이 15년을 사는 것에 비하면 절반 수준이다.

외모와는 다른 순한 성격

주름투성이 험상궂은 얼굴에도 많은 사람이 불도그를 좋아하는 이유는 어떤 종보다도 사람과 잘 교감하기 때문이다. 사람이 웃으면 같이 웃어주고 사람이 슬퍼하면 옆에서 같이 슬퍼한다. 외모와 달리 성격이 온순하고 게으르며 잠도 많이 잔다.

피부 관리에 신경 써요

불도그는 냄새가 많이 나는데, 얼굴에 주름이 많아서 주름 사이사이의 피부가 지방샘에서 분비되는 지방과 눈물에 의해 자극받고 세균에 감염되면서 심한 악취를 만들어낸다. 새끼일 때 냄새가 더 심하다. 평소 피부 관리에 특별히 더 신경 써야 한다. 매일 샴푸와 물을 동량으로 섞어서 헝겊에 묻힌 다음 주름 사이사이를 잘 닦아주고 세정 성분이 남지 않도록 말끔히 씻어낸 다음 완벽하게 말려준다.

활동적이고 쾌활한 비글

- 🦴 **원산지** 영국
- 🦴 **체중** 9 ~ 12kg
- 🦴 **크기** 중형견

비글이라는 이름은 '요란하게 짖는다'는 뜻의 프랑스어 '베겔'에서 유래했다. 입을 크게 벌리고 요란하게 짖는 모습에서 이름을 따 왔다고 추측된다. 약 4세기부터 사냥에 이용됐고 14세기에는 귀족들이 여우사냥을 할 때 맨 앞에서 하루 종일 숲 속을 뛰어다니면서 여우를 쫓아다녔다. 현대에 와서 사냥개의 본능이 불필요해지면서 비글은 '악마견'이라는 오명을 쓰게 되었다. 우리나라에서는 90년대 초 박세리 선수가 우승 선물로 받으면서 한때 비글 키우기가 굉장히 유행했지만, 6개월을 못 기르고 파양하는 사례들이 많았다.

사냥개의 본능

비글은 사냥개로서의 달리는 본능을 갖고 있는데 집 안에만 가둬놓고 키우면 그 에너지를 다른 방법으로 발산하게 된다. 따라서 보호자는 비글과 함께 매일 산책, 달리기를 생활화해야 한다. 또 집안에 장난감을 풍부하게 갖춰놓고 충분히 놀 수 있도록 해야 한다. 여기에 사회화교육과 예절교육까지 받는다면 집안에서 키우는 데 큰 무리가 없을 것이다.

사냥개라서 사나울 것으로 생각하기 쉽지만 공격성은 낮고 사람을 좋아한

다. 그리고 식탐이 많기 때문에 아무 것이나 먹을 수 있어서 늘 조심해야
한다. 쓰레기통을 뒤지거나 바닥에 떨어진 음식이나 이물질을 먹는 일이
많으므로 항상 바닥을 깨끗이 치우고 쓰레기통은 닿지 않는 곳에 둔다. 또
뭐든 잘 먹기 때문에 움직임이 부족하면 비만이 되기 쉽다.

내 이름은 비글이니까

비글이란 이름에 걸맞게 '득음'의 경지에 오른 것처럼 짖는 소리가 요란하
고 또 자주 짖는다. 낯선 사람이 있거나 의심스러운 소리가 나면 주인에게
알리려고 더 큰소리로 짖는다. 아파트에서 키우게 되면 성대 수술을 시킬
수밖에 없는데, 평소 산책을 많이 시키고 호기심과 사회성을 충족시켜준다
면 자연스럽게 덜 짖게 된다.

귓병, 피부병 주의

선천적으로 눈과 귀, 피부 질환을 많이 갖고 있다. 특히 축 늘어진 귀가 늘
닫혀 있어서 귓속에 말라세치아 같은 세균이나 곰팡이가 잘 번식한다. 세
균이나 곰팡이가 번식하면 피부병이 오고 피부가 가려워서 긁게 되고 상처
가 날 수 있다. 귓속을 물기가 없도록 잘 관리해야 한다. 목욕을 시키고 나
서 종이컵 가운데에 구멍을 뚫고 그 사이로 드라이어의 찬바람을 쐬어주면
드라이어 소리로 귀를 자극하지 않으면서 물기를 잘 말릴 수 있다.

영국 왕실의 개, 웰시코기

- 🦴 **원산지** 영국
- 🦴 **체중** 10kg 내외
- 🦴 **크기** 중형견

웰시코기는 '웨일스의 개'라는 뜻으로 영국 웨일스 지방의 빈민들이 목축을 위해 기르던 품종이다. 소를 몰던 웰시코기는 12세기경 영국 왕 리처드 1세가 데려가 키우면서 영국 왕실의 개가 되었다. 그 후 대중들에게도 왕실의 개로 소개되면서 많은 인기를 얻기 시작했고, 우리나라에서는 10여 년 전만 해도 보기 힘들었는데 최근 그 인기가 높아졌다.

다리가 짧아도 괜찮아

소몰이 개 웰시코기는 가축들 다리 사이로 뛰어다니기 알맞도록 짧은 다리를 갖고 있다. 다리에 비해 몸집이 크고 둥글며, 더불어 허리가 길다. 허리가 길어서 디스크에도 잘 걸린다. 디스크를 예방하려면 무엇보다 비만이 되지 않도록 관리해야 한다. 그리고 집안에서 계단을 오르내리거나 소파나 침대에서 뛰어내리거나 미끄러운 마룻바닥에서 계속 걷는 것도 허리와 무릎에 무리를 준다. 특히 산책 중에 산을 오르거나 계단을 오르내리는 행동 역시 삼가야 한다.

가축을 몰았던 개라서 지구력이 좋고 활동적이고 사교성도 뛰어나다. 외국에서는 자폐아 치료에 웰시코기가 많이 사용된다. 지능이 높아서 어떤 명령이든 5~15회 반복하면 익힌다.

어마어마한 털갈이

웰시코기는 단모종이다. 단모종은 보드라운 털과 뻣뻣한 털, 2가지로 이뤄져 있어 털갈이 주기가 훨씬 짧다. 털갈이는 온도와 햇빛에 대한 보호 작용으로 예전에는 봄, 가을에 이뤄졌지만 주로 실내에서 지내는 요즘에는 온도와 햇빛의 변화가 거의 없어서 1년 내내 수시로 털갈이를 하게 되었다. 털 빠짐을 최대한 예방하려면 매일 브러싱을 해서 빠질 털을 미리 속아주고 피부에 좋은 영양제나 보습 스프레이를 뿌려주면 도움이 된다. 질 좋은 사료를 먹이는 것도 털 빠짐을 줄이는 한 방법이다. 털이 많이 빠져서 아이들의 호흡기에 좋지 않을 것으로 생각하는데, 우리 몸은 아주 작은 먼지도 걸러낼 수 있기 때문에 그보다 수만 배 큰 털이 호흡기에 들어가 문제를 일으킬 확률은 거의 없다.

아메리칸 젠틀맨, 보스턴 테리어

- 🦴 **원산지** 미국
- 🦴 **체중** 7 ~ 10kg
- 🦴 **크기** 중형견

미국 보스턴에서 인위적으로 만들어진 아메리칸 품종, 보스턴 테리어는 수

차례 개량되어 키 25~35cm, 몸무게 7~10kg의 현재 모습이 만들어졌다. 프렌치 불도그와 교배되어 생김새도 거의 똑같아 구분하기 힘들다. 머리가 크면 프렌치 불도그, 작으면 보스턴 테리어라고 생각하면 된다. 인위적으로 만들어진 품종이 흔히 그렇듯, 여러 유전 질환을 갖고 있다. 특히 입, 귀, 배, 사타구니에 식이성 알레르기가 많이 발생하고 전체의 10% 정도가 아토피 증상을 갖고 있다. 또 더위를 많이 타고 순간적인 힘은 좋지만 체력은 무척 약하다.

무뚝뚝한 외모, 사랑스러운 성격

외모와 달리 귀엽고 사랑스러워서 '아메리칸 젠틀맨'이라고 불린다. 또 표정이 다양해서 즐거움을 주고 사람을 좋아하고 경계심이 적다. 집에 도둑이 들면 꼬리를 치며 반길 정도다. 반면 소심한 면도 있어서 자주 혼나거나 혼자 방치되면 비뚤어질 수 있다. 특히 분리 불안이 심한 견종 중 하나로 이를 막으려면 우선 보호자의 외출을 좋은 일과 연관시켜야 한다. 외출 시 간식이나 장난감, 또는 간식을 넣은 퍼즐 장난감을 주고 장황한 인사는 하지 않도록 한다. 또 외출 전 20분과 집에 돌아와서 20분 정도는 개를 완전히 무시해야 한다. 외출 전 운동을 시키는 것도 분리 불안 증상을 완화하는 데 도움을 준다. 증상이 심하면 수의사에게서 정확한 진단을 받고 약물을 처방받는 것이 좋다.

튀어나온 눈이 매력

튀어나온 눈이 매력적이지만 머리를 때리면 튀어나올 수도 있으니 조심해야 한다. 쌍꺼풀 수술과 비슷한 개념의 안검내번 교정수술을 많이 하는데 눈썹이 눈을 찔러 눈을 못 뜨는 현상을 교정해주는 효과가 있다.

아파트에서 키우는 대형견, 골든 레트리버

- 원산지 영국
- 체중 27 ~ 36kg
- 크기 대형견

레트리버는 캐나다 뉴펀들랜드 주 해안가에서 어부들의 일을 돕던 '워터 도그(Water Dog)' 중 하나로 특히 뛰어난 운반 능력을 지녔다. 뉴펀들랜드 주에서 영국으로 건너간 레트리버는 사냥감을 물어다 주는 일에 뛰어난 재능을 보이면서 여러 종으로 만들어지기 시작했다. 골든 레트리버도 그중 하나로 어느 스코틀랜드의 귀족이 50여 년 만에 만들어냈다고 한다. 머리가 좋아 오늘날에는 맹인 안내, 마약 탐지, 동물매개치료 등 다양한 분야에서 활약하고 있다. 미국에서는 가장 키우고 싶은 견종 1, 2위를 다툴 정도로 인기가 높다.

사냥견 출신답게 평소 활동량이 많이 필요하다. 활동량이 부족하면 덩치 큰 코카 스파니엘이 된다고 생각하면 된다. 몸집이 커서 말썽을 부려도 대형 사고가 되기 일쑤, 이를 예방하려면 최소한 아침, 저녁으로 산책을 꼭 시켜야 한다. 레트리버 같은 대형견은 아침, 저녁으로 산책을 시키기 시작

하면 실내에서 용변을 보지 않기 때문에 용변 처리나 냄새 문제도 해결할
수 있다.

덩치 큰 순둥이

사회화 교육을 잘 받은 경우에는 성격이 순하고 인내심이 많지만, 사회화
가 되어 있지 않으면 공격성이 높다. 덩치가 크고 힘도 세니까 더 큰 사고
를 일으킬 수 있다. 그렇지만 사회화가 굉장히 잘 되기 때문에 교육만 잘
시키면 아이들과도 아무런 문제없이 지낼 수 있다.

관절이 약해요

유전적으로 관절 질병에 취약하다. 따라서 비만이 되지 않도록 특히 신경
써야 한다. 털도 아주 많이 빠져서 털갈이하면 건초더미처럼 굴러다니기도
한다. 평소에 빗질을 자주 해주고 옷을 입히는 것도 한 방법이다.

우아함의 극치, 페르시안 고양이

- 🏷 **원산지** 아프가니스탄
- 🏷 **체중** 4 ~ 8kg
- 🏷 **크기** 대형묘

뛰어난 무역상으로 유명한 페르시아 사람들이 진귀한 물건들을 가지고 세계를 다닐 때 함께 가지고 다녔던 고양이다. 그래서 이름도 페르시안 고양이라고 불리게 됐다고 한다. 1600년대 이탈리아 여행가가 페르시아 상인으로부터 고양이를 데려와 유럽에 소개하면서 번식을 시작했는데, 페르시아 고양이가 워낙 온순하고 성격이 좋아서 사람들에게 큰 인기를 얻게 되었다. 인기가 많다 보니 번식도 많이 시키게 됐고, 그만큼 품종개량도 많이 해서 1900년대에 13종에서 60여 년 만에 150종의 페르시안 고양이가 탄생하게 된다. 종류가 많아서 색상에 따라 은색을 가진 페르시안 고양이는 친칠라, 귀나 발, 입 부위만 색깔이 짙은 페르시안 고양이는 히말라얀이라 부르는 등 이름도 여러 가지로 나뉘어서 불린다.

까칠한 귀족 외모와 달리 다정다감한 친구

쉽게 다가가기 힘든 까칠한 외모를 가진 페르시안 고양이는 사실 다정하면서도 예의바른 고양이다. 조용한 성격으로 활동이 많지 않으며, 하루 종일

한자리에 가만히 앉아 있기 좋아한다. 그래서 게으른 페르시안 공주라고 불리기도 한다.

행주냄새가 난다고?

주둥이가 짧은 페르시안 고양이는 개와 마찬가지로 눈이 돌출되어 보이고 털이 눈을 자극하면서 눈물이 많이 흐른다. 그래서 조금만 지나도 눈가가 까맣게 변하고 심지어 눈가가 너무 많이 젖어서 습진까지 생기는 경우가 많다. 때론 행주 안 빤 냄새가 날 때도 있다. 주둥이가 짧은 품종은, 눈물이 흐르면 코로 배출되는 누관이라는 곳에 기형이 있거나 쉽게 막히는 유전적인 특성을 갖고 있어서 이곳에 염증이 생기며 냄새가 나게 된다. 평소 눈물을 잘 닦아주고 누관에 기형이나 문제가 없는지 살펴본다.

귀족적인 자태, 러시안 블루

- 🦴 **원산지** 러시아
- 🦴 **체중** 3.5 ~ 4.5kg
- 🦴 **크기** 중형묘

반짝이는 은빛의 털을 가진 러시안 블루는 파란색 눈이 매력적인 품종이다. 러시아 북쪽 추운 지방에서 태어나 러시아 황실에서 자랐으며, 영국의 항해사들에 의해 유럽으로도 전해져 빅토리아 여왕의 사랑을 받기도 했다.

1900년대에 미국에 소개되며 세계에서 사랑받는 고양이가 되었다.

매력적인 외모의 소유자

러시안 블루의 부드럽고 짧은 털은 에메랄드그린이라는 색으로 빛을 받으면 더욱 근사하게 보인다. 털 관리도 크게 어렵지 않아 주기적으로 빗질만 잘 해주면 충분하다. 자라면서 눈의 색이 3번 변하는 유일한 품종이기도 하다. 처음 태어났을 때는 청회색이던 눈이 2개월 이후 노란색이 되고, 5~6개월이 지나면 다시 초록색으로 변한다.

한국인의 친구

우아한 분위기와 도도한 외모를 가졌지만 여유로운 미소에서 볼 수 있듯이 러시안 블루는 온화한 성품을 가진 고양이다. 한국의 좁은 아파트에서도 잘 적응하고, 혼자 있어도 얌전히 잘 놀아서 우리나라에서 가장 많이 키우는 품종이기도 하다. 러시안 블루는 머리가 좋아서 주인의 기분을 알아채고, 센스 넘치는 행동을 자주 한다. 울음소리도 작아서 목소리 없는 고양이로 불릴 정도다.

길고양이, 코리안 쇼트헤어

- ▸ **원산지** 한국
- ▸ **체중** 4 ~ 5kg
- ▸ **크기** 중형묘

코리안 쇼트헤어는 우리나라에 살고 있는 길고양이들을 지칭하는 이름으로 미국 고유 품종 아메리칸 쇼트헤어와 닮은 외모에서 따온 것이다. 아직 정식으로 등록된 학명은 아니다. 우리나라에 고양이를 기르는 사람들이 늘어나며, 길고양이를 아끼는 마음에서 붙여준 애정이 담긴 이름이다.

우리나라 토착 고양이

우리나라에 고양이가 처음 들어온 시기는 삼국시대로 추정되는데, 불교 경전을 쥐가 갉아먹는 것을 막기 위해 중국에서 수입했다는 설이 있다. 코리안 쇼트헤어는 우리나라에 자리 잡은 가장 오래된 토착 품종이다.

여러 유전자가 섞인 품종

코리안 쇼트헤어는 여러 품종이 섞여 매우 활발하면서 까칠한 성격을 가진다. 또한 자기들끼리의 근친교배가 많아 유전적인 결함이 자주 나타난다. 가장 흔한 것이 꼬리 모양의 기형이다.

반려동물
제대로 입양하기

어떤 품종을 입양할지 결정했다면 이제 구체적인 입양 방법에 대해 알아볼 차례다. 어디서 입양을 받을지, 입양할 때 반드시 알아야 할 것들은 무엇인지 자세히 살펴보자.

지인에게 분양받기

가장 좋은 방법은 믿을 만한 친척이나 지인에게 분양받는 것이다. 어미와 어미가 자란 환경을 확인할 수 있고 사기를 당할 걱정도 없기 때문이다. 그렇지만 품종이 제한되어 있어 원하는 품종을 얻지 못할 수 있다.

애견숍에서 입양하기

선택의 다양성을 고려하면 애견숍에서 입양하는 것도 나쁘지 않은 방법이다. 그렇지만 '생명'보다 '이익'을 우선시하는 애견숍이 분명 존재하기 때문에 사전에 충분히 고민하고 공부해야 피해를 보지 않는다. 애견숍을 구경하다가 귀여운 외모에 이끌려 충동적으로 데려오거나 애견숍 직원의 말만 듣고 결정하는 것은 매우 위험하다. 너무 어리거나 병든 강아지를 데려오지 않도록 건강 상태를 꼭 확인해야 한다. 심지어는 품종을 속이기도 하니 품종 역시 정확히 확인해야 한다. 구입할 때는 금액과 날짜, 교환, 환불, 보상규정을 기재한 계약서를 작성하고, 바로 동물병원에 데려가 검진을 받아야 한다. 만약 건강하지 않은 상태라면 진단서를 끊어 환불이나 교환을 요청해야 한다.

인터넷을 통해 '가정견' 입양하기

요즘에는 인터넷을 통해 가정견을 분양하는 사람들이 많다. 가정견은 전염병을 가지고 있을 확률이 낮고 주인의 사랑을 받으며 컸을 가능성도 크기

때문에 입양자들이 선호하는 편이다. 하지만 이를 이용해 거짓으로 가정견을 분양하는 사람도 있다. 인터넷으로 가정견을 입양할 계획이라면 진짜 가정견이 맞는지 꼼꼼히 확인해볼 필요가 있다. 분양자의 말만 믿고 입양을 결정하기 전에 입양할 동물의 어미를 실제로 확인하고, 가능하면 분양자의 집을 방문해서 환경이 어떤지 살펴보는 것이 좋다.

정확히 확인하지 않고 덜컥 가정견을 분양받았다면 동물병원에서 사실 여부를 알아볼 수 있다. 수의사가 확인했을 때, 생후 두 달 미만의 어린 나이거나, 귀에서 진드기가 나오거나, 분변에 기생충이 발견되면 이는 가정견이 아니라고 판단한다.

동물보호단체에서 입양하기

애견숍에서 생명을 거래하는 일이 마음에 걸리면 동물보호단체를 통해 입양하는 방법도 있다. 여러 동물보호단체의 홈페이지를 수시로 체크하다가 마음에 드는 반려동물을 발견하면 입양하는 것이다.

전문 브리더에게 분양받기

흔치 않은 특정 품종을 원하면 전문 브리더를 통해 분양받을 수 있다. 특정 품종만 전문적으로 기르고 사육하는 브리더는 자신의 품종에 대한 자부심이 강해서 최소한 품종을 속일 염려는 없다. 그렇지만 비양심적인 브리더도 있기 때문에 믿을 만한 브리더를 찾아 분양받는 것이 가장 좋다.

🐾 건강한 반려견을 알아보는 방법

어금니를 확인한다

어린 강아지를 입양하고 싶다면, 태어난 지 최소 두 달이 넘었는지 확인한다. 최소 두 달 동안은 엄마 젖을 충분히 먹고 사랑을 받으며 자란 강아지가 건강하기 때문이다. 두 달 이상 된 강

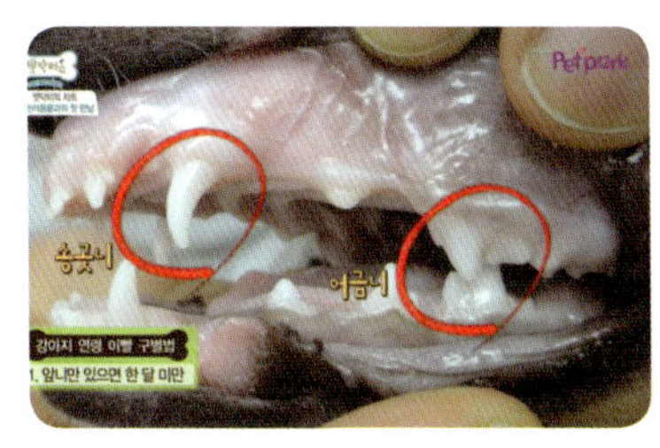

아지를 구별하는 방법은 이빨을 확인해보는 것이다. 입을 들췄을 때 앞니와 송곳니만 보이면 한 달 이상 된 강아지고, 앞니와 송곳니, 어금니가 모두 보여야 두 달 이상 된 강아지다. 단, 가장 뒤에 있는 큰 어금니는 성견이 되어야만 자라기 때문에 없어도 되고, 송곳니 뒤의 어금니도 다 자란 상태가 아니어도 된다. 잇몸은 선홍색이 돌아야 하고 치열이 고르고 이빨이 잘 맞물리는지 확인한다.

눈, 코, 입, 귀, 항문의 상태를 확인한다

눈 주변에 눈곱이 덕지덕지 붙어 있거나 눈 속에도 눈곱이 많이 끼면 질환에 걸렸을 확률이 높다. 눈이 깨끗한지 확인한다. 코는 촉촉하고 윤기가 있어야 건강하다. 콧물, 특히 누런 콧물이 나오면 감염 여부를 확인해야 한

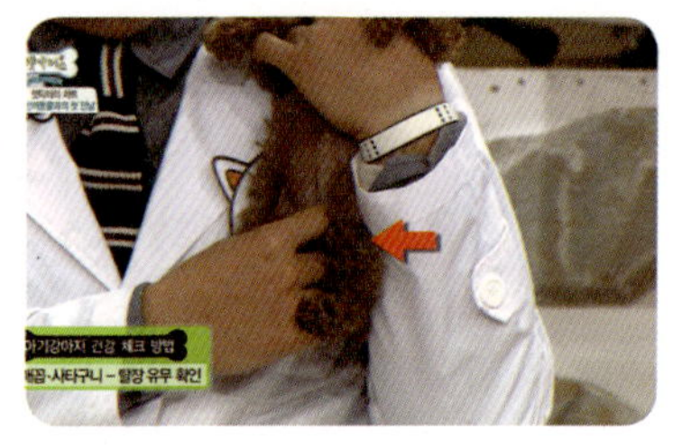

다. 귀에서 약간의 비린내가 아닌 심한 악취가 나거나 분비물이 많이 나오면 귓병이 있을 수 있으니 확인해본다. 입가와 항문 주변도 구토나 설사 흔적이 없는지 살펴본다. 털에 윤기가 흐르고 피부가 깨끗해야 건강하다.

걸음걸이를 확인한다

보통 소형견들은 무릎 탈구나 고관절 문제를 갖기 쉽다. 걷는 자세가 바르고 활기차게 걷는지 확인한다. 다리 모양도 곧지 않고 오다리는 아닌지 확인해본다. 또한 배꼽이나 사타구니 부분에 볼록 튀어나온 것이 있다면 탈장일 가능성이 있으니 만져본다.

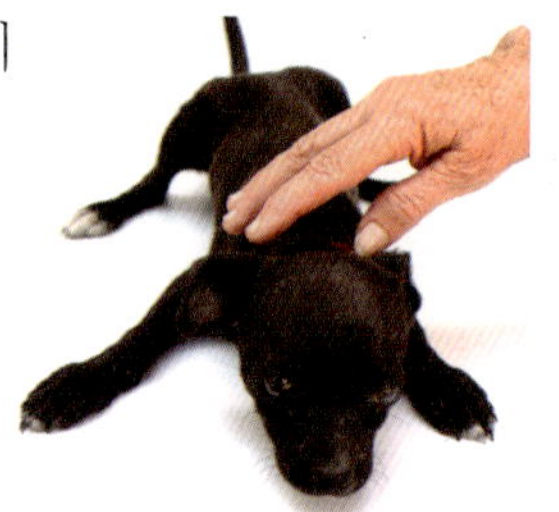

예방접종 기록과 구충 기록, 먹이던 사료 정보를 챙긴다

기본적으로 예방접종과 구충이 안 되어 있으면 건강하지 않은 상태일 가능성이 크다. 반려견의 질병이 사람에게도 옮을 수 있으니 보호자와 가족의 건강에도 좋지 않다. 분양받을 당시 전염병 검사에서 음성이 나오더라도 잠복기일 수 있으니 안심하지 말고 조금이라도 이상하면 바로 병원에 데려가서 다시 검진을 받아야 한다. 무엇보다 분양 받은 직후 꼭 동물병원을 방문해서 전체적인 신체검사를 받는 것이 좋다. 특히 구충은 가족의 위생과 안전을 위해, 예방접종은 반려동물의 건강을 위해 꼭 필요하다는 사실을 명심해야 한다. 또한 먹이던 사료 정보를 전달받아 같은 사료를 먹이는 것이 좋다. 어린 강아지는 먹던 사료가 아닌 다른 사료로 바뀌면 소화불량에 걸리거나 설사를 하는 경우가 있기 때문이다. 어쩔 수 없이 사료를 바꿔야 한다면 2주 정도에 걸쳐 서서히 바꾸는 것이 안전하다.

개와 고양이를 함께 키워도 될까요?

여전히 많은 사람이 개와 고양이가 한집에서 친하게 지낼 수 없다고 오해한다. 하지만 두 동물은 얼마든지 사이좋게 함께 지낼 수 있다. 두 동물이 처음 만났을 때는 서로 경계하고 공격적일 수 있지만, 주인이 어떻게 가르치느냐에 따라 얼마든지 가까운 친구가 될 수 있다. 개와 고양이를 사이좋게 키우는 비결을 알아보자.

개와 고양이의 성격 차이를 알자

개는 할리우드 액션, 고양이는 포커페이스

개가 수다쟁이라면 고양이는 새침데기다. 개는 기분이 좋으면 마구 날뛰면서 꼬리를 요란하게 흔들고, 화가 나면 이빨을 드러내고 크게 짖는다. 고양이는 사람을 반길 때도 개처럼 뛰기보다는 다리에 몸을 부비기만 하고 새로운 것을 보면 조용히 다가가서 앞발로 건드려본다. 아플 때도 개처럼 적극적으로 표현하기보다는 최대한 숨기고 표현하지 않으려고 한다.

개와 고양이의 언어

개는 꼬리로 즐거움이나 기쁨을 표현하지만 고양이는 기쁨은 물론 두려움, 공격적인 흥분 상태를 표현한다. 개가 배를 드러내고 누우면 긁어달라는 이야기지만 고양이가 보기에는 공격하기 쉬운 무방비 상태를 말한다. 개는 엉덩이에 코를 들이밀고 냄새를 맡으면서 인사하지만 이는 고양이에게 굉장히 무례한 행동이다. 반대로 고양이는 코에 대고 쿵쿵거리면서 인사하지만 개는 이런 행동을 도전이나 위협으로 받아들인다. 또 개가 낮게 으르렁거리면 경계와 위협의 표시지만 고양이의 낮은 그르렁거림은 편안함과 친근함의 표시다.

개와 고양이의 스킨십 방법

사회화가 안 된 고양이를 처음 만났을 때 머리, 목, 귀를 만져주면 좋아하지만 옆구리나 허리를 만지면 싫어한다. 또 엉덩이 쪽 요추 자리는 좋아하지만 배를 함부로 만지면 큰일 날 수 있다. 고양이와 다르게 개는 어느 부위를 만져도 좋아한다.

개와 고양이의 스킨십 방법

개는 운동 체질, 고양이는 방콕 체질

고양이는 배회성 동물이 아니라 자기가 먹고 싸고 놀고 잘 장소만 해결되면 좁은 곳에서도 스트레스 없이 잘 사는 편이다. 사냥 본능을 갖고 있어서 1~2살쯤 되면 정신없이 움직이는 '우다다'를 많이 하지만 그 후에는 잘 움직이지 않는다. 또 많이 움직여야 에너지를 소비할 수 있는 개와 달리 고양이는 조금만 움직여도 에너지를 많이 쓰기 때문에 운동을 많이 하지 않아도 된다.

개와 고양이가 잘 걸리는 질병

개는 식탐이 많아 먹지 말아야 할 것을 먹어서 병원에 가는 반면 고양이는 너무 안 먹어서 병원에 가는 경우가 많다. 또 관절 질환이 많은 개와 달리 고양이는 굉장히 유연해서 관절이나 뼈 질환으로 고생하는 경우는 없다. 그 밖에 개가 잘 걸리는 질병은 피부병, 귓병, 슬개골탈구, 안과 질환, 급성 구토 등이고, 고양이가 잘 걸리는 질환은 신부전, 방광염, 급성요도폐색증, 아토피, 안과 질환 등이다.

개와 고양이를 함께 키울 때 주의할 점

누구든 다툼은 생긴다

반려동물의 다툼은 비단 개와 고양이 사이에서만이 아니라 고양이들끼리, 개들끼리도 빈번하게 발생한다. 개에게는 서열이 있고 고양이에게는 영역이 있다. 각자가 좀처럼 공유하기 힘든 것이며 이를 위협받으면 종을 가리지 않고 싸우게 된다. 둘 다 어릴 때 입양하면 이런 상황을 애초에 막아 친하게 지내게 할 수 있다. 그렇지 않다면 적절한 순간에 보호자가 개입해서 영역을 나눠서 보장해준다든지 서로 충분히 접촉시켜서 친해질 기간을 갖게 한 후에 함께 키우는 것이 좋다.

식사 장소와 화장실을 구분하자

식사를 줄 때 개가 고양이 밥을 먹을 우려가 있다. 고양이 사료가 훨씬 더 맛있기 때문이다. 고양이 사료는 반드시 개가 올라가지 못하는 높은 곳에 주어야 한다. 고양이의 화장실도 개가 접근하기 힘든 곳에 놓아주는 것이 좋다. 예민한 고양이들은 볼일을 볼 때 누군가의 접근을 극도로 꺼려서 심한 스트레스를 받기 때문이다. 또 개가 고양이의 변을 먹는 습관이 생길 수도 있다. 샴푸 역시 개와 고양이 것을 각각 준비해서 사용해야 한다.

개와 고양이를 키우면 좋은 점

심장 발작 경력의 환자가 개를 키우면 1년 뒤 생존율이 10배 정도 높아진다. 개를 부드러운 목소리로 부르고 쓰다듬고 산책을 시키는 일 자체가 혈압을 많이 낮춰주기 때문이다. 그리고 개를 산책시키다 보면 비반려인보다 2배 더 많이 운동하게 된다. 고양이를 키우는 사람은 정신적으로 건강하고 안정적이라는 통계도 나와 있다. 그래서 고양이는 정신과 의사, 개는 외과 의사라고 표현하기도 한다.

Part 2

반려동물
처음 맞이하기

반려동물을 위한
준비사항

반려동물을 처음 집으로 데려오는 날, 설레면서도 긴장되는 순간이다. 처음 보는 주인과 낯선 장소에 순조롭게 적응할 수 있도록, 모든 준비를 철저히 해놓을 필요가 있다. 반려동물을 기르는 것은 '아기'를 키우는 것과 여러모로 비슷하다. 항상 주의를 기울여야 한다. 반려동물을 맞이하기 전에 미리 준비하고 챙겨야 할 것들을 자세히 알아보자.

바닥 깨끗이 정리하기

바닥에 떨어진 것을 주워 먹고 삼키면 위험하기 때문에 반드시 방과 거실 바닥을 깨끗이 청소해야 한다. 다만 청소할 때 락스 같은 화학물질은 절대 사용하지 않는다. 호기심 많은 어린 강아

지나 고양이는 항상 새로운 냄새에 이끌리고 그것을 맛보려고 한다. 따라서 부엌이나 화장실을 향이 나는 락스세제로 청소하면 반려동물이 이를 핥고 문제를 일으키기도 한다. 락스 등의 청소용품 자체도 반려동물이 건드릴 수 없도록 잘 치워놓아야 한다. 소파와 침대 아래, 가구 틈새까지 이물질이 없는지 확인한다. 또한 몸집이 작은 반려견이 끼지 않도록 가구 사이의 좁은 공간이나 구석은 미리 막아 놓는다.

주요 물건 숨겨놓기

휴대폰 충전기는 항상 보이지 않는 곳에 둔다. 충전기를 콘센트에 그대로 꽂아두는 것은 정말 위험한 일이다. 개와 고양이에게 휴대폰 충전기는 신기하고 재미있는 장난감이다. 충전기의 전기선을 물어뜯으면 감전 사고가 날 수 있고 전선을 삼키면 수술을 하게 될 수도 있다. 충전기는 절대 바닥에 두지 않는다. 이와 마찬가지로 컴퓨터 주변 기기 등 반려동물이 씹거나

훼손하면 안 되는 중요한 물건은 미리 잘 정리해놓는다.

의약품 같은 것도 보이는 곳에 두지 않는다. 사람이 먹는 약은 동물에게 치명적일 수 있기 때문에 상자에 담아 반려동물이 건드릴 수 없는 장소에 보관해야 한다. 또한 양파, 포도, 초콜릿 등 반려견이 먹으면 치명적인 음식물도 먹을 수 없는 곳에 두어 조심한다.

🐾 필요한 물품은 미리 준비한다

사료

어린 강아지를 입양한 경우 그동안 먹이던 사료를 똑같이 주는 것이 적응을 위해 좋다. 그리고 강아지는 성견보다 많은 영양분을 필요로 하기 때문에 꼭 자견용 사료를 먹여야 한다. 사료에는 크게 건식 사료와 습식 사료가 있는데 이 두 가지를 골고루 섞어서 먹이는 것이 좋다. 대부분의 강아지가 냄새가 강한 습식 사료를 좋아하는데 이빨과 턱을 단련시키려면 알갱이로 된 건식 사료를 함께 주어야 한다.

밥그릇과 물그릇

사료와 물을 담아줄 수 있는 각각의 그릇이 필요하다. 밥그릇 물그릇이 하나로

붙어 있는 그릇이 너무 가벼우면 사료를 먹을 때 그릇이 움직여 쏟거나 앞으로 밀릴 수 있다. 무게감이 있는 그릇으로 준비하자. 고양이의 경우는 유리나 사기 재질의 넓은 그릇이 좋다.

샴푸

털의 길이와 피부 상태 등에 따라 골라서 사용할 수 있는 여러 종류의 샴푸가 있다. 사람이 쓰는 샴푸를 사용하면 피부병을 유발할 수 있으니 반드시 반려동물 전용 샴푸를 준비한다.

브러시

재질이 다른 서너 가지의 빗을 준비해 때에 맞게 사용하면 좋다. 기본적으로 돼지털브러시, 슬리커브러시, 빗, 고무브러시 정도를 준비하면 좋다.

목줄

산책을 시키거나 같이 외출할 때 꼭 필요하다. 성장에 맞춰 크기를 조절할 수 있는 제품으로 구입한다.

크레이트(이동장)

이동장으로도 불리는 크레이트는 출입문이 달린 네모난 이동상자이다. 문을 열어 반려동물이 들어가면 다시 문을 잠근 뒤 손잡이를 들고 이동할 수 있다. 반려동물과 외출할 때 꼭 필요하며, 평소 집에서도 반려동물이 쉴 수 있는 공간으로 활용하기에도 안성맞춤이다. 집에서부터 크레이트에서 안정감을 찾고 휴식을 보낼 수 있도록 습관을 들이면, 외출할 때도 크레이트 안에서 얌전히 있을 수 있다.

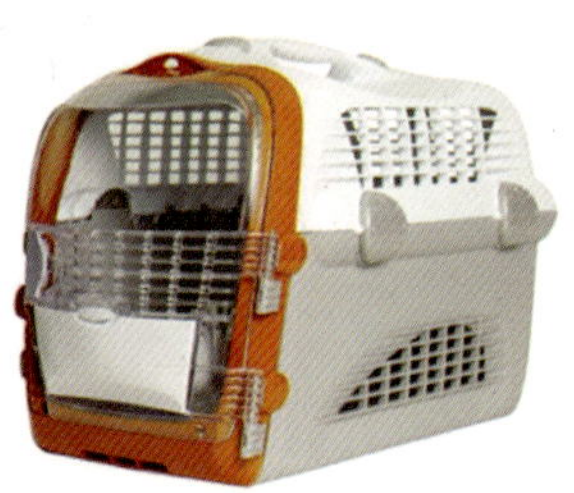

 펫 닥터스 Tip

반려동물 교육을 위한 필수품, 크레이트

반려견을 입양할 때는 크레이트를 가장 먼저 준비하자. 크레이트는 외출할 때 반려동물을 넣고 이동하는 케이스의 일종이지만 평소 반려동물의 독립 공간으로 활용하기 안성맞춤이다. 또한 초기에 크레이트를 활용한 훈련만 잘 시켜도 반려동물과 생기는 갈등을 절반으로 줄일 수 있다.

크레이트 훈련에서 가장 중요한 점은 크레이트가 좋은 공간, 칭찬받는 공간임을 각인시키는 것이다. 강제로 크레이트 안으로 밀어 넣거나 가둬두면 크레이트 훈련은 실패하게 된다. 처음부터 밥과 간식을 크레이트 안에 넣어주고 여기에 어느 정도 적응하면 반려견이 안에 들어가 있는 상태에서 밥을 넣어주고 문을 잠시 닫아 놓는다. 이렇게 안에 있는 시간을 조금씩 늘리면 반려견이 크레이트 안에서 편안함을 느끼게 된다. 나중에는 혼나도 침대 밑이 아니라 크레이트 안에 들어가게 되는데 이때 절대 강제로 꺼내지 말아야 한다. 크레이트 훈련이 잘 되어 있으면 손님이 집에 올 때나 대중교통을 타고 이동할 때 다른 사람에게 피해 줄 걱정을 하지 않아도 된다.

개껌

강아지는 생후 3~4개월이 되면 이갈이를 시작한다. 이 시기가 되면 잇몸
이 간지러워 온갖 물건을 씹고 다닌다. 이때 개껌을 주면 도움이 된다. 사
람이 씹는 껌과는 전혀 다른 성분의 딱딱한 개껌은 치석
형성을 억제해주는 효과도 있어 좋다. 그중에는 미국수의
구강관리협회(VOHC)에서 플라크 제거와 치석 형
성 예방 효과를 인증받은 제품들도 있으니 활용해
보자.

배변판

반려동물의 화장실 역할을 해줄 배변판을 준비한다. 처
음 집에 왔을 때부터 바로 배변판에서 볼일을 볼 수 있
도록 배변 교육을 시킨다.

반려동물 키울 때
꼭 알아야 할 상식

심사숙고해서 반려동물의 입양을 결정했지만 '초보 엄마 아빠'에게 반려동물 돌보기란 만만치 않은 일이다. 한번 인연을 맺으면 적어도 10년을 넘게 함께 살아야 하지만, 반려동물을 사랑하는 마음만으로 모든 문제를 해결할 수는 없다. 예방접종은 어떻게 해야 하는지, 사료는 얼마나 주는지, 교육은 어떻게 하는지, 말 없는 동물의 마음을 읽는 방법 등 초보 보호자들이 꼭 알아야 하는 것들을 배워보자.

개가 짖는 이유는?

개는 욕구 충족을 위해 짖기도 하고 무언가를
호소하기 위해 짖기도 한다. 예를 들어 같이
놀아달라고 할 때 꼬리를 흔들며 짖고, 배가
고프거나 산책하고 싶을 때, 배변을 하고 싶을
때도 짖는데 이런 경우에는 욕구가 해소되면
더는 짖지 않는다. 이런 욕구와 상관없이 오랜
시간 계속 짖는다면 불안하거나 외롭거나 관

심을 받고 싶거나 또 다른 이유가 있는 것이다. 개가 짖을 때는 반드시 이
유가 있으므로 이를 파악해서 해결해주는 것이 보호자의 일이다.

개가 무는 이유는?

어린 강아지는 놀이의 의미로 물고 흔들며 스스로 힘 조절하는 법을 배운
다. 또 생후 4개월 정도가 되면 이갈이를 하기 때문에 잇몸이 간지러워 온

갖 물건을 물기 시작한다. 이때 사
람 손가락을 물며 놀던 강아지는 성
견이 되어서도 무는 습관이 남을 수
있다. 어릴 때부터 장난감 등을 활
용해 놀 수 있도록 가르친다. 나머
지 경우는 대부분 두려움 때문에 자

신을 보호하려는 의미로 물게 된다. 발정기나 임신기 등 특히 예민한 시기에는 더 공격적인 성향을 보인다.

여기저기 영역 표시를 하는 이유는?

개를 키우다 보면 여기저기 영역표시를 하고 다니는 모습을 볼 수 있다. 이는 말 그대로 나의 영역이라는 것을 다른 동물들에게 알리는 의도로, 모든 포유류 동물의 본능적인 습성이다. 이때 한 발을 들고 오줌을 싸는 이유는 항문샘에서 배출하는 분비액의 냄새를 다른 개들이 잘 맡을 수 있도록 코 높이에 맞추는 것이다. 문제 되지 않는 장소에서 영역 표시를 할 때는 반응하지 말고 그대로 두는 것이 좋다.

펫 닥터스 Tip

개도 사람에게 대화를 시도한다

사람이 보기에는 그냥 똑같이 짖는 것 같지만 짖는 방법에 따라 의미하는 바가 다르다. 중간 정도의 높이로 계속해서 빠르게 짖으면, 자신의 영역에 누군가 침입해 위험을 느낀다는 뜻이다. 중간 중간 간격을 두고 길게 짖으면 '거기 누구 없어요? 나 외로워요. 누군가 필요해요'라는 뜻이다. 약간 높은 톤으로 짧게 한 번 짖으면 '이거 뭐지?', '어머, 깜짝이야!' 정도의 뜻이다.

꼬리를 흔드는 이유는?

기본적으로 기분이 좋을 때 흔들지만 기분이 나쁘거나 화가 났을 때도 급하게 꼬리를 흔든다. 또 꼬리를 천천히 흔들면 자신감을 나타내는 것이다.

반려견의 '카밍 시그널'을 읽어라

개가 불편한 상황에 처했을 때 상대방에게 양해를 구하거나 양보할 기회를 주거나 스스로 불편한 상황을 추스르는 행동을 '카밍 시그널(calming signals)'이라고 한다. 간단히 말해 신호등의 황색등에 해당한다. 이 신호 단계에서 상대가 알아차리고 불편한 상황을 그만둔다면 녹색등으로 바뀌게 되고 불편한 상황이 지속된다면 적색등으로 바뀌며 여러 이상 행동들이 나타날 수 있다.

커밍 시그널은 여러 방식으로 나타난다. 혀 날름거리기, 두리번거리기, 갑자기 뒷덜미 긁기, 하품하기, 시선 피하기, 몸 털기, 갑자기 발바닥 냄새를 맡으며 딴청부리기, 자신의 발을 심하게 핥기, 물어뜯기, 가만히 있다가 뒤돌아보기, 항문과 생식기의 냄새 확인하기 등이 이에 해당한다. 스트레스를 받았을 때의 행동과 비슷하지만 약간 다른 의미이다. 미리미리 카밍 시그널 읽는 법을 익혀야 한다. 만약 카밍 시그널을 어린아이와 함께 있을 때 보이기 시작한다면 매우 불편해하고 있는 상태이니, 아이와 개를 떨어뜨려 놓아야 한다.

불안하거나 공포심을 느낄 때 하품을 한다. 보호자가 강아지를 혼내면 하품을 하는 것을 볼 수 있다.

🐾 입양한 날로부터 7~10일경에 예방접종 시킨다

강아지가 설사와 구토를 해서 병원을 찾는 초보 보호자들이 많다. 강아지가 설사와 구토를 하는 원인은 매우 다양한데 예방접종을 안 한 상태에서 설사를 하면 대부분 전염병에 걸렸을 확률이 높다. 전염병은 7~10일의 잠복기가 지난 뒤에 증상이 발생한다. 따라서 입양한 날부터 7~10일 정도 지켜보고 증상이 없을 때 예방접종을 해야 한다. 예방접종 스케줄은 그 시기에 유행하는 질병에 따라, 지역적인 상황과 특수성에 따라 달라지기 때문에 수의사의 권고에 따라 실시하면 된다. 단, 광견병 예방접종은 반드시 매년 받아야 한다.

몇몇 지각없는 보호자가 비용을 아끼려고 집에서 자가 접종을 하는 경우도 있는데, 이는 매우 위험한 행동이다. 예방접종은 단순히 약을 접종하는 것이 아니라 균주를 주사하는 일이기 때문에 부작용이 많고 쇼크가 발생할 위험도 굉장히 크다. 또 접종약이 어떤 경로로 유통됐는지, 냉장 보관이 잘됐는지 확인할 길이 없어 안전성을 보장받을 수 없다. 예방접종은 전문 지식을 갖고 있는 의사만이 할 수 있는 의료 행위임을 잊지 말자.

반려동물에게 사료를 적게 주면 저혈당쇼크가 올 수 있다. 실제로 반려견이 저혈당쇼크로 쓰러져 동물병원을 찾는 초보 보호자들이 많다. 처음에 분양자가 알려준 사료량을 반려견의 빠른 성장에 맞춰 늘려주지 않고 계속 같은 양으로 주는 경우가 많다. 또 반려견을 작게 키우려고 일부러 사료를 적게 먹이기도 하는데, 이는 사랑하는 반려견을 학대하는 일이다. 절대 사료를 적게 먹는다고 작게 성장하지 않는다. 태어날 때부터 성장에 대한 유전자 정보가 정해져 있기 때문에 사료의 양과 성장 크기는 거의 상관이 없다.

3개월 미만의 강아지는 하루에 체중의 6%의 사료를 먹어야 한다. 1kg 정도 되는 강아지라면 60g(종이컵 2/3의 양)을 먹어야 한다는 것. 사료가 이보다 부족하면 언제라도 저혈당쇼크가 올 수 있다.

반려동물을 씻길 때 자신이 사용하는 샴푸를 함께 사용하는 보호자들이 있다. 한두 번 정도는 괜찮을지 몰라도 계속해서 사용하면 강아지 피부에 치명적인 손상을 입힐 수 있다. 사람 피부와 강아지 피부는 pH(산성 또는 알카리성의 정도)가 다르다. 사람 피부는 4.5~6.5pH이고 강아지 피부는 7.5pH 정도이다. 사람의 피부층은 10~15층이지만 강아지의 피부층은 5~10층으

펫 닥터스 Tip

비염·천식 환자가 반려동물을 키울 때 지켜야 할 6가지 규칙

알레르기가 있으면 무조건 털 있는 반려동물을 기를 수 없다고 오해하는데, 꼭 그렇지는 않다. 개나 고양이 털이 알레르기를 일으키는 확률은 그다지 높지 않다. 병원에서 알레르기 테스트를 해보고 개나 고양이 털이 알레르기의 원인이 아니라면 충분히 반려동물을 키울 수 있다. 또 비염·천식 환자라도 아래 6가지 원칙을 지키면 반려동물을 키울 수 있다.

1 카펫과 천 소재의 소파를 없애라. 가능하면 맨바닥에서 생활한다.

2 하루 한 번 이상 헤파 필터(공기 중의 미세한 입자까지 제거하는 고성능 필터)가 달린 청소기로 청결을 유지하라.

3 환기를 자주 시키고, 헤파 필터가 달린 공기 청정기를 사용하라.

4 반려동물은 반드시 일주일에 한 번 이상 목욕시켜라.

5 반려동물을 만진 뒤에는 반드시 손을 씻어라.

6 반려동물의 털 손질은 실외에서 하라.

로 사람보다 약하다. 따라서 반드시 반려동물 전용 샴푸를 사용해야 한다. 요즘은 물 없이 거품만 내서 닦아내는 드라이 샴푸도 있다. 물 없이 급하게 씻길 때나 일부분만 씻길 때 일시적으로 사용하기 편리하다. 밖에 데리고 나갔다가 들어와 발을 씻길 때도 매번 물로 씻기면 습진이나 피부염이 생기기 쉬우니 이런 드라이 샴푸를 활용하자.

반려동물과의
첫 만남

반려동물과의 첫 만남은 강한 인상을 남기기 때문에 미리 준비하고 대처하는 것이 좋다. 또한 반려동물이 새로운 집에서 좋은 예절과 습관을 익힐 수 있도록 처음부터 가르치는 것이 중요하다. 집에 손님이 오거나 외출하여 길에서 사람들을 만날 때도 어떻게 행동하고 인사하는 것이 바람직한지 가르친다.

🐾 보호자를 인식시킨다

사회화 교육이란 사회화 시기에 필요한 모든 교육을 말한다. 예절교육은
물론 반려동물과 행복하게 살기 위해서는 사회화 교육이 필요하다. 주변에
서 일어나는 일에 대해 긍정적인 감정을 갖도록 도와주는 것이다. 사회화
교육을 위해 보호자와 가족을 인식시키는 것이 먼저다. 보통 어린 강아지
는 자신보다 몸집이 큰 사람을 자연스레 보호자로 인식한다. 그리고 성견
이나 몸집이 큰 강아지는 밥을 줌으로써 보호자임을 인식시킬 수 있다. 가
족 역시 같은 방법으로 인식시킬 수 있다.

🐾 이름 부르면 오도록 가르친다

가장 기본적으로 이름을 부르면 오도
록 가르쳐야 한다. 일명 '이리와' 교육
을 말한다. 개들이 혼날 때나 밖에 놀
러 나갔다가 집으로 들어가야 할 때,
어딘가 싫어하는 장소에 갈 때와 같

은 부정적인 상황에서 이름이 불리는 경험을 자주 하면 보호자가 불러도
오지 않게 된다. 그래서 어렸을 때부터 이름이 불리면 좋은 일이 생긴다는
것을 학습시켜야 한다. 어린 강아지는 집중력이 1분을 넘지 않기 때문에 짧
게 여러 번, 이름을 부르며 먹을 것으로 보상해주면 효과적으로 학습된다.

🐾 "앉아", "기다려"를 가르친다

두 번째는 '앉아', '기다려' 교육이다. '앉아'를 가
르치면 부적절한 행동을 막을 수 있다. 간식을
강아지 머리 위로 올려주면 자동적으로 앉게 된
다. 교육할 때 가장 자주하는 실수가 혼내는 것.
코를 때린다거나 스프레이로 물을 뿌리거나 신
문지를 말아 바닥을 두드리는 등 부정적인 경험
을 주는 교육은 하지 않도록 한다. 이런 교육을

집에서 하기 어려우면 한국동물병원협회에서 실시하는 반려견 예절 교육
인 CDME(Companion Dog Manners Education) 프로그램에 참여해보자.

🐾 배변교육을 시킨다

배변을 정해진 장소에 보도록 교육하는 것은 꼭 필요하면서도 가장 힘들고
시간도 오래 걸린다. 인내심을 갖고 반복적으로 연습하는 것이 중요하다.
우선 강아지가 처음 집에 와서 배변을 하려고 하면 살짝 들어 올려 배변판
으로 데려가 배변을 보게 한다. 이때 바닥에 실수하면 짧고 강하게 '안돼'라
고 말한 다음 배변한 곳을 깨끗이 치운다. 배변판에 스스로 가서 배변을 보
면 꼭 칭찬을 해준다. 배변 습관이 정착될 때까지 배변판 위치를 그대로 두
고 항상 깨끗하게 치워줘야 한다.

반려견과 외출할 때는 목줄과 리드줄을 꼭 착용해야 한다. 처음 목줄과 리드줄을 하고 외출했을 때에는 개가 목줄에 익숙해지도록 천천히 걷기만 한다. 여기에 익숙해지면 넓은 공터나 공원에 가서 연습한다. 반려견과 같이 걷다가 개가 보호자를 이끌려고 하거나 줄을 잡아당기려고 하면 그대로 멈춘 다음 개가 당기기를 멈출 때까지 기다린다. 그런 다음 반려견을 칭찬해 주고 다시 걷는다. 이 과정을 반복하면 반려견이 보호자를 따라오게 된다.

🐾 지나가는 사람이 무서워할 때는 반려견을 잡아준다

길거리에서 대형견을 만나면 무서워서 소리를 지르거나 소스라치게 놀라거나 도망가는 사람들이 있다. 소스라치게 놀라는 행동은 개를 자극시키고, 개와 눈을 마주치며 소리를 지르거나 개에게 등을 보이고 달리면 개의 공격

성을 높이게 된다. 따라서 대형견을 만났을 때에는 차려자세로 시선을 피해야 안전하다. 개는 이런 행동을 '나는 너에게 위협적이지 않아'라는 뜻으로 받아들인다.

그렇지만 무엇보다 중요한 것은 보호자의 역할이다. 반려견의 이름을 불러

자신에게 시선을 집중시키고 상대방이 지나갈 때까지 개를 잡아준다. 언제 일어날지 모르는 돌발 사고에 대비해 목줄 착용은 필수다.

반려견끼리 인사법

사랑하는 반려견이 더 많은 친구를 사귈 수 있도록 도와주려면 어떻게 해야 할까? 반려견마다 성향이 다르므로 이에 맞게 보호자가 대처해야 한다. 우선 성향이 적극적인 개는 섣불리 다가가 다른 개를 놀라게 하거나 스트

펫 닥터스 Tip

반려동물을 보호하기 위한 '동물등록제'

반려동물을 입양한 뒤에는 빠른 시일 내에 거주 지역의 행정기관에 동물등록을 완료하자. 우리나라에서도 2014년 1월 1일부터 동물등록제가 의무 시행되고 있다. 따라서 등록 대상 동물을 신고하지 않았을 때는 동물보호법에 따라 40만 원 이하의 과태료를 물어야 한다.

동물등록제란 보호자가 반려 목적으로 키우고 있는 나이 3개월 이상의 개를 주민등록상 거주 시·군·구청에 신고하는 제도이다. 반려동물을 등록하면 등록번호를 부여받아, 마이크로칩에 정보를 담게 되고 이 내용은 동물보호관리시스템(www.animal.go.kr)으로 관리된다. 동물등록제는 반려동물의 등록을 통하여 유실 및 유기 동물을 빠르게 주인에게 찾아줌으로써 유실 및 유기 동물의 발생을 억제하여 동물 보호와 반려동물의 문화 향상을 목적으로 제정된 제도이다.

레스를 줄 수 있으니 목줄을 이용해 서서히 다가갈 수 있도록 한다. 반대로 소극적인 반려견은 간식을 주어 다른 개를 만나는 상황이 위험하지 않고 안전하다는 인식을 심어준다. 반려견이 기지개를 켜는 것 같은 자세를 취하면 '나랑 놀아줘'라는 뜻이다. 서로 놀다가 흥분한 상태가 되면 사고가 생길 수 있으니 중간중간 보호자에게 돌아와 흥분을 가라앉힐 수 있도록 이름을 불러준다.

🐾 처음 보는 반려견과 올바른 인사법

대부분의 사람들이 길거리에서 예쁜 반려견을 만나면 무턱대고 다가가서 만지는 경우가 많다. 그런데 반려견 입장에서 보면 낯선 사람이 갑자기 다가와 몸을 만지니까 당황스럽다. 더군다나 개를 향해 다짜고짜 뛰어오는 행동은 개를 위협하고 자극하게 된다.

사람들이 처음 만나면 서로 악수하고 인사를 나누듯이 반려견과 처음 만날 때에도 예의를 지켜야 한다. 개들은 냄새로 인사한다. 따라서 개가 냄새를 맡을 수 있도록 주먹을 내민다. 주먹은 반려견의 코보다 약간 아래쪽에 천천히 내민다. 냄새를 맡지 않고 피하면 지금은 인사 나누기 싫다는 뜻이므로 더 이상 다가가지 않도록 한다. 인사를 나눈 뒤 아래턱을 쓰다듬어주면 친밀감이 상승한다.

문어 장난감 만들기

준비물 안 입는 티셔츠, 테니스공, 가위, 끈

집에서 쉽고 간단하게 만들 수 있는 문어 장난감!
반려동물이 생각보다 너무 좋아해서 놀랄 것이다.
멀리 집어 던져서 찾아오도록 하거나,
혼자서 물고 뜯으며 놀 수 있도록 해도 좋다.

1   테니스공을 감쌀 수 있도록 티셔츠
　　를 직사각형으로 2장 자른다.

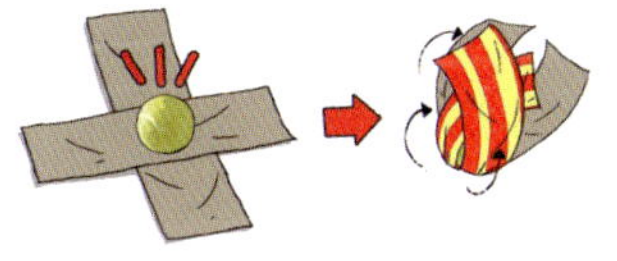

2   2장의 티셔츠 조각을 십자가 모양
　　으로 맞대고 천의 교차점에 테니스
공을 넣고 감싼다.

3   감싼 부분을 끈으로 묶어 문어 머리
　　를 만들고 아래 남은 천은 가위로
얇게 잘라 여러 개의 다리를 만든다.

4   다리 부분은 땋아서 모양을 낸다.

반려동물을 기운다면 꼭 알아야 할 동물보호법

동물보호법은 동물의 생명을 보호하고 안전을 유지하며 동물의 복지를 증진하여 사람과 동물이 더불어 행복한 삶을 누릴 수 있도록 만들어진 법이다. 동물을 대하는 나의 태도를 돌아보고, 주위 사람으로부터 나의 반려동물을 보호하기 위해 가장 기본이 되는 동물보호법을 알아보자.

❶ 동물을 학대했을 때

2012년 개정된 동물보호법에 의하면 이유 없이 동물을 학대하였을 경우 최대 1년 이하의 징역형 또는 1,000만 원 이하의 벌금형에 처하게 된다. 자신을 보호하거나 생존을 위해서가 아닌, 정당한 이유 없이 행하는 모든 가해 행위가 법에 따라 처벌받게 된다. 또한 주인이 반려동물을 적정한 조치 없이 방치하거나 유기했을 경우도 동물학대로 규정한다.

❷ 반려동물을 등록하지 않았을 때

2014년 1월 1일부터 의무 시행된 동물등록제에 의하면 생후 3개월 이상의 모든 반려견은 반드시 관할 시·군·구청에 신고하여 등록해야 한다. 동물등록제란 반려동물의 정보를 통합 관리하는 시스템으로 반려동물과 보호자가 더욱 안전하고 행복한 생활을 누릴 수 있도록 도와주는 일종의 보호 장치이다. 만약 등록하지 않을 경우 40만 원 이하의 과태료가 부과된다.

❸ 반려동물 인식표를 달지 않았을 때

반려동물과 산책 또는 외출할 때는 소유자의 성명, 주소, 전화번호가 표시된 인식표를 부착해야 한다. 인식표 없이 돌아다니는 반려동물은 유기된 것으로 간주하며, 인식표를 부착하지 않아 적발 되었을 때는 30만 원 이하의 과태료가 부과될 수 있다.

❹ 반려동물이 사람을 물었을 때

반려동물이 사람을 물거나 공격하여 상해를 입혔을 때는 주인에게 모든 책임이 있으며, 형법상 과실치상죄를 적용하여 500만 원 이하 벌금 또는 구류, 과료에 처한다. 다만 반려동물이 먼저 공격이나 심한 자극을 받아 일어난 단순한 반응이었다면 그 잘잘못을 가릴 수 있다. 다만 이때 주인 또는 보호자가 반려동물에게 주의를 기울이는 데 소홀하지 않았다는 전제가 필요하다.

❺ 반려동물이 다른 반려동물을 물었을 때

나의 반려동물이 다른 사람의 동물을 물거나 공격하여 피해를 줬을 때는 민법상 모든 손해를 배상할 책임이 있다. 이때 주인을 대신하여 동물을 보호하던 사람에게도 그 책임이 있다.

❻ 누군가 반려동물에게 상해를 입혔을 때

현행법상 반려동물은 주인의 재산으로 규정되어 있다. 누군가 나의 반려동물에게 상해를 입히거나 피해를 주었을 경우에는 손해 배상을 요구하거나 처벌을 내릴 수 있다. 이는 형법상 재물손괴죄에 해당하며 최대 3년 이하의 징역 또는 700만 원 이하의 벌금을 물리도록 하고 있다. 또한 동물보호법의 동물학대죄에 해당하면 최대 1년 이하 징역 또는 1,000만 원 이하의 벌금을 물게 된다.

❼ 반려동물과 산책하며 목줄과 배설물 청소를 안 했을 때

반려동물과 산책하거나 외출할 때에는 반드시 목줄 등 안전장치를 해야 하며 배설물이 생긴다면 즉시 치워야 한다. 목줄을 안 하거나 배설물을 치우지 않았을 경우에는 30만 원 이하의 과태료를 물게 된다.

❽ 반려동물과 대중교통을 이용할 때

반려동물과 대중교통을 이용할 때는 크레이트(이동장)를 사용해야 한다. 버스와 택시, 지하철, 기차 모두 전용 크레이트에 반려동물을 넣어 탑승할 수 있다. 이때 정당한 사유 없이 승차를 거부할 경우 해당 운전자에게 50만 원의 과태료가 부과된다.

❾ 입양하고 15일 이내에 반려동물이 죽었을 때

애견숍에서 반려동물을 입양한 뒤 15일 안에 죽었을 경우, 판매자에게 그 책임을 묻게 된다. 이때는 동종의 동물로 교환하거나 전액을 환급받을 수 있다. 또한 15일 이내에 병이 발생할 경우에도 판매처에서 치료비를 지급해야 한다. 단, 주인의 중대한 과실로 반려동물이 죽거나 병든 경우는 제외한다.

❿ 아파트 등 공공주택에서 반려동물을 키울 때

아파트 등의 공공주택에서 반려동물을 키우는 것이 금지된 사항은 아니지만, 반려동물이 공동 주거생활에 피해를 미치는 행위를 할 경우에는 입주민들의 반대 의견을 수용해야 할 의무가 있다. 따라서 공공주택에서 반려동물과 생활할 때는 다른 주민들에게 피해가 가지 않도록 스스로 신경 쓰는 태도가 필요하다.

반려동물
똑똑하게 돌보기

반려동물의
올바른 식사법

반려동물을 돌보며 가장 중요하게 신경 써야 하는 것이
바로 매일 먹이는 사료다. 나이와 몸에 맞는 사료를 제때
적정한 양으로 주는 것만으로도 반려동물의 건강을 지킬
수 있다. 하지만 식사를 소홀히 관리하고, 사람 음식을 생
각 없이 주었을 때는 반려동물에게 위험한 일이 일어날
수도 있다. 반려동물의 바른 식사 방법과 주의해야 할 식
품을 알아보자.

반려동물이 하루에 먹어야 할 알맞은 사료량은 체중의 2~3% 정도이다. 체중이 5kg인 경우, 100~200g의 사료를 하루 동안 2~3회 나눠서 주면 된다. 단, 나이와 건강 상태를 고려하여 상황에 맞게 사료량과 종류를 다르게 해야 한다. 3개월 미만의 강아지와 고양이는 더 많은 칼로리가 필요하므로 체중의 6% 정도를 먹어야 한다. 1kg 정도 되는 3개월 미만의 강아지라면 하루

60g(종이컵 2/3 정도 분량)의 사료를 먹어야 한다는 뜻이다. 사료가 이보다 부족하면 언제라도 저혈당쇼크가 올 수 있으니 주의하자.

🐾 변 상태로 알아보는 사료량

- 화장지로 변을 들었을 때 바닥이 깨끗할 정도로 물기가 없으면 사료량이 적당한 상태.
- 변을 토막토막 끊어지게 보면 사료량이 조금 부족한 상태.
- 물기가 있는 변을 보면 과식을 한 상태.

시중에 나와 있는 수많은 종류의 사료 중에 어떤 제품을 선택해야 할까? 비싼 사료일수록 좋다고 할 수는 없지만 너무 싼 제품도 주의할 필요는 있다. 주원료와 영양의 질이 떨어질 수 있기 때문이다. 사료를 고를 때는 가장 먼저 포장지의 정보를 꼼꼼히 확인하자. 사람이 먹는 식품에 표시되는 성분표를 살피는 것과 똑같은 방법으로 주원료와 성분량, 식품첨가물 등을 확인하면 된다. 육류 함유량은 적고 부산물이나 합성첨가물이 많이 함유된 사료는 그만큼 영양이 떨어지는 것이다. 또한 사람에게 좋지 않은 인공첨가물은 동물에게도 역시 좋지 않다는 것을 기억하자.

연령별 사료
주니어, 어덜트, 시니어

크기별 사료
소형견용, 중형견용, 대형견용

용도와 기능별 사료
임신&수유용, 피부병용,
습식 사료

양파

양파와 파, 마늘, 부추 등 매운맛이 나는 채소에 들어 있
는 티오설 페이트 성분은 개와 고양이의 적혈구를 파괴
해 빈혈과 호흡곤란을 일으키고 심하면 사망에 이르게 한다.
양파가 많이 들어 있는 짜장면이나 짬뽕 국물, 만두, 햄버거 패티
등도 절대 금물. 먹다 남은 음식을 반려동물이 먹을 수도 있으니 항상 조심
하자. 특히 짜장면이나 짬뽕 그릇을 문앞에 내놓을 때도 주의해야 한다.

우유

개와 고양이는 우유의 락토스(유당) 성분을 분해하는 효소를
갖고 있지 않아 설사, 알레르기, 췌장염 등을 일으킬 수 있다.
또한 구토, 복부 팽만 등의 증상도 나타날 수 있다. 우유뿐만
아니라 치즈, 요구르트 등의 유제품도 마찬가지. 우유를 조금
만 먹어도 설사하면 유당분해효소를 갖고 있지 않은 개체이므
로 일반 우유 대신 반려동물용 우유를 먹여야 한다. 또는 우유 중에 락토스
를 제거한 '락토 프리' 우유를 조금씩 주어도 큰 문제는 없다.

알코올

개와 고양이의 간에는 알코올을 분해하는 효소가 없기 때문에
절대 술을 먹여선 안 된다. 이스트가 들어간 밀가루처럼 발효

되면서 알코올이 발생하는 음식도 주의하자.

초콜릿과 커피

초콜릿에 들어 있는 카페인과 테오브로민 성분은 개에게 심한 중독 증상을 일으킬 수 있다. 동공 확대, 구토, 쇼크, 부정맥, 혼수, 경련을 일으키거나 심장기관과 중추신경에 작용해 이상 증상을 보이게 된다. 카페인이 첨가된 커피와 차 등도 주의하자. 카페인 중독 증상을 일으킬 수 있다.

포도

포도는 반려견에게 절대 먹이면 안 되는 대표적인 과일이다. 개의 신장과 신경계에 중독 증상을 일으켜서 급성신부전에 이르게 하기 때문이다. 포도를 먹은 반려견은 보통 3~4일 이내에 사망하는데, 다행히 회복된다 해도 만성신부전에 걸리기 쉽다. 포도의 독성은 개체에 따라 다르게 작용해서 몸집이 큰 개가 포도 한 알만 먹고도 사망할 수 있는 반면, 작은 강아지가 포도 한 송이를 다 먹고도 멀쩡할 수 있다. 그렇지만 한 번 괜찮다고 다음에도 똑같이 괜찮다는 보장은 할 수 없다. 사랑하는 반려견의 목숨을 담보로 실험하지 말자. 포도는 한 알이라도 절대 주어서는 안 되는 과일이다.

사과

사과 씨 안에 들어 있는 시안화배당체를 반려견이 먹으면 급성

중독을 일으켜 동공 확대, 구토, 쇼크, 부정맥, 혼수 등을 일으킬 수 있다. 사과뿐만 아니라 배, 복숭아, 체리의 씨와 아몬드에도 같은 독성이 들어 있으니 조심해야 한다. 먹고 남은 사과의 씨를 개가 먹지 않도록 바로 치우자. 사과 자체에는 독성이 없지만 사과의 산성이 구토나 설사를 유발하기도 한다. 또 사과와 배 등의 과일은 아주 잘게 썰어주지 않으면 삼키다가 목에 걸려서 수술하거나 내시경으로 꺼내야 하는 경우가 많으니 조심하자.

반려동물과 음식에 관한 오해와 진실

마늘은 천연 항생제다?

개와 고양이에게 마늘은 절대 주면 안 되는 식품 중에 하나지만 시중에 판매하는 반려동물 영양제 중에는 마늘을 원료로 한 제품이 있다. 마늘 1/4쪽 정도는 간 기능 활성화나 벼룩 퇴치에 도움을 줄 수 있기 때문이다. 하지만 섭취 용량이 많아지면 적혈구를 파괴해서 빈혈, 호흡곤란을 일으키기도 하므로 차라리 주지 않는 편이 낫다는 의견도 있다. 어떤 보호자는 마늘이 면역력을 높인다고 해서 항생제나 예방접종 대신 마늘을 주거나 구충제로도 사용하는데, 이는 잘못된 생각이다.

달걀노른자는 개에게 보약?

알레르기만 없으면 개에게도 달걀노른자는 완전식품이다. 좋은 단백질과 비타민 A, 비타민 D, 그리고 콜레스테롤 합성을 저해하는 레시틴이 들어

있어 노화 방지, 두뇌 활성에 매우 좋다. 단, 칼로리가 높기 때문에 일주일에 한 개 정도만 먹이는 것이 적당하다. 또 알레르기를 유발할 가능성이 높은 식품이므로 알레르기가 없는지 정확히 확인한 뒤 먹인다.

돼지 등뼈가 치석 제거에 효과적이다?

돼지의 등뼈는 치아의 에나멜층보다 단단하다. 따라서 등뼈가 치아의 에나멜층을 파괴해 치아 통증을 유발하거나 이빨을 깨뜨릴 수 있다. 또 고깃집에서 남은 뼈를 가져다주는 경우가 많은데 개가 뼈를 많이 먹으면 변이 딱딱해져서 변비가 생길 수 있다. 특히 날카로운 조류의 뼈는 식도에 상처를 내거나 위에 구멍을 낼 수 있어 매우 위험하다. 또 뼛조각이 항문 근처에서 걸리면 염증이 생기기도 한다. 뼈 종류의 식품은 소량이라고 하더라도 주지 않는 것이 좋다.

고양이에게 생쥐는 완전식품?

100여 년 전 미국 캘리포니아의 내과 의사인 프란시스 M. 포턴져 박사는 고양이에게 생식을 먹였을 때와 익힌 음식을 먹였을 때 건강의 차이를 10여 년에 걸쳐 조사했다. 그 결과 생식을 먹은 고양이는 대를 이어서 잔병치레 없이 건강하게 산 반면, 익힌 음식을 먹은 고양이는 2대 때부터 잔병치레가 생기기 시작해 결국 대가 끊겼다고 한다. 이 실험 결과를 바탕으로 포턴져 박사는 고양이 생식의 중요성을 주장했다. 그 시절 생쥐는 고양이에게 단백질, 지방, 탄수화물, 비타민, 미네랄 등의 성분을 골고루 제공하는 완전식품이었다. 고양이가 잘 걸리는 질병 중 하나가 심부전인데, 물을 많이 먹지 못하는 고양이가 물기가 많은 생식을 함으로써 심부전을 예방할 수 있기도 했다. 하지만 현대에는 '타우린'과 같이 고양이에게 꼭 필요한 필수 아미노산이 있다는 사실이 밝혀지면서, 대부분의 고양이 사료에 필수 아미노산이 적절히 첨가되고 있다. 굳이 생식이 아니어도 충분히 영양을 섭취할 수 있게 되었다. 또한 동물 영양학자들은 아주 신선한 재료가 아니면 감염 위험이 커 생식이 안전하지 않다고 주장하기도 한다.

반려동물에게 약이 되는 영양 특식 만들기

영양 연어 스튜

연어는 타임지가 선정한 10대 '슈퍼 푸드'에 포함된 유일한 생선으로, 여러 가지 단백질과 지방산을 풍부하게 함유한다. 특히 연어의 오메가 지방산은 염증성 질환이나 피부 질환, 관절 질환에 효과적이다. 연어를 먹기 좋게 자른 뒤 냄비에 물을 자작하게 담고 오트밀, 아마씨가루, 당근, 브로콜리 등을 썰어 넣고 함께 푹 끓인다.

코티지치즈

치즈는 사람과 동물 모두에게 좋은 영양 공급원이다. 코티지치즈는 집에서 만들기 쉽고 반려견에게 알레르기를 일으키지 않으면서 좋은 단백질과 칼슘, 미네랄을 공급해준다. 또 털을 윤기 나게 해주고 소화도 잘된다. 만드는 방법은 우유 4L를 끓이다가 소금 1작은술, 식초 70mL를 넣고 유청과 치즈가 분리되면 윗부분만 건져서 냉장고에 넣고 하루 동안 식히면 완성이다.

삶은 양배추 당근말이

비타민이 풍부한 양배추는 위에 특히 좋다. 위가 약하거나 공복성 구토를 하는 반려동물에게 특히 좋다. 삶은 양배추에 당근과 오리고기를 곁들여준다.

황태 진액

황태는 피를 맑게 해주고 해독을 담당하는 간의 기운을 보해준다. 황태진액을 만들어 사료를 섞어주거나 아픈 반려동물에게는 황태진액에 사료를 넣고 끓여서 죽처럼 만들어 먹여도 좋다.

만들기

1   냄비에 황태를 넣고 잠기도록 물을 가득 부어 한소끔 끓인다.

2   끓으면 물만 따라 버려 황태의 짠맛을 제거한다.

3   냄비에 다시 물을 받아 중간 불에서 1~2시간 푹 끓인 다음 식힌다.

영양 경단

항암 · 항산화 효과가 뛰어나며, 면역력을 높여준
다. 세포 재생에도 도움을 줘서 피부가 안 좋거나
알레르기가 있어도 먹일 수 있다. 하루에 3~4개
정도 먹이면 된다.

🍲 만들기

1 고구마 2개와 단호박 1/2개를 충분
히 삶아 껍질을 벗기고 곱게 으깬다.

2 오리고기 안심 70g을 잘게 다지고
볶은 뒤 ①과 섞는다.

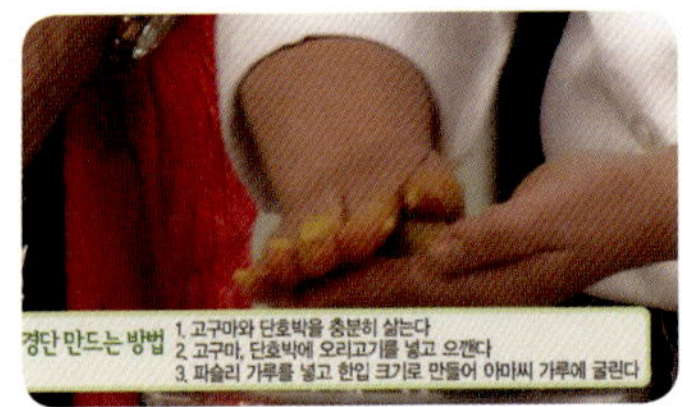

3 ②를 조금씩 떼어 손에 올리고 한입 크기로 동그랗게 빚은 다음 아마씨가루에 굴린다.

굴 채소 볶음

홈메이드 음식이나 저급사료를 먹일 때 아연이 부족해질 수 있다. 아연이 풍부한 굴은 세포 재생을 돕고 간 질환이나 관절 질환에도 좋다. 만드는 방법은 굴 20g과 달걀흰자 1/4개와 작게 썬 당근 5g, 작게 썬 브로콜리 1/2송이를 팬에 볶아주면 된다. 다만 당근을 너무 많이 먹으면 비타민 A가 간에 축적되어 간에 부담을 줄 수 있으므로 주의한다.

닭죽

닭죽은 사람과 마찬가지로 반려견의 영양 보충에도 도움을 준다. 식욕이 너무 없는 경우에 닭과 쌀로 죽을 끓여주면 좋다. 다만 간을 하지 않고 지방을 모두 제거한 닭고기를 사용한다.

두 번 끓인 멸치

많은 고양이 보호자들이 간식으로 멸치를 먹인다. 멸치는 칼슘 보충에 효과적이고 고양이의 기호에도 잘 맞는 간식이긴 하지만 염분 함량이 높다. 그래서 염분은 낮추고, 칼슘 보충은 도울 수 있도록 두 번 끓인 멸치를 주는 것이 좋다. 냄비에 물과 멸치를 넣고 한소끔 끓인 뒤 물만 버리고 한 번 더 물을 부어 끓인다.

닭가슴살 샐러드

올리브유로 드레싱한 닭가슴살 샐러드는 체중 감량과 심장병, 당뇨 예방에 좋다. 올리브유는 항산화 효과가 뛰어나 노화를 늦추는 효과도 있다. 사료를 지겨워할 때 입맛을 살릴 수 있다. 단, 아무리 좋은 음식도 과식은 금물. 영양 특식은 일주일에 한 번, 적당한 양만 주도록 한다.

구운 연어 요구르트

유산균이 풍부한 요구르트는 아토피나 알레르기가 있는 반려견에게 유산균을 제공해주고 장 건강과 소화에 도움을 준다.

 만들기

1 연어 500g을 양념하지 않고 팬에 노릇하게 굽는다.

2 구운 연어를 잘게 찢어서 저지방 요구르트에 넣고 섞는다.

반려동물
홈케어

반려동물을 트러블 없이 건강하게 키우기 위한 기본 관리법을 소개한다. 털 관리부터 목욕시키기, 귀 청소, 발톱 손질까지 꼼꼼하게 익혀 반려동물의 건강을 내 손으로 책임지자. 또한 적절한 스킨십을 통해 한층 더 가까운 관계를 만들어보자.

반려동물을 관리하는 방법을 배우기 전에 필요한 도구를 살펴보자. 도구만
잘 활용하면 집에서도 누구나 쉽게 홈케어를 해줄 수 있다.

브러싱은 청결하고 아름다운 털 상태를 유지하고, 피부를 자극해 신진대사를 높이며, 피부나 털의 오염을 제거하는 효과가 있다. 산책이나 외출 후,

펫 닥터스 Tip

각질 제로! 빛나는 피부를 위한 브러싱 마사지

피부염이 심해서 각질이 많이 생긴 반려견에게 특효! 하루에 2번씩, 한 달만 해주면 말끔한 피부를 되찾을 수 있다. 목욕하지 않은 상태에서도 가능하다.

1 분사형 보습제를 피부 전체에 뿌린다.

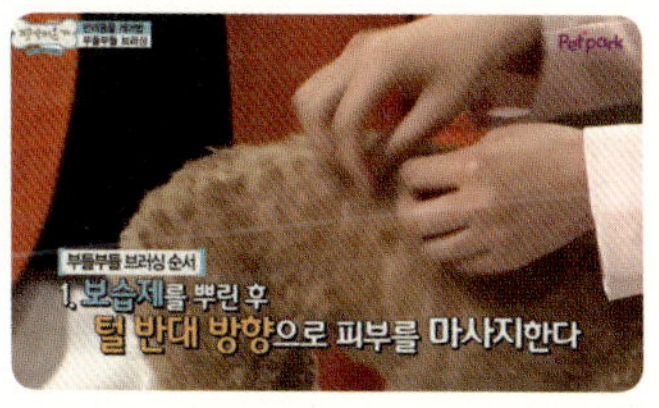

2 손톱이 아닌 손끝을 이용해 털 반대 방향으로 피부를 조물조물 쓸어준다.

3 로션 타입의 보습제를 손에 펴 바른 뒤 털 반대 방향으로 조물조물 쓸어 주며 피부에 발라준다.

4 부드러운 고무빗을 이용해 결대로 빗어 털을 정리한다.

놀고 난 후, 목욕 전에 브러싱을 해주자. 동물은 기본적으로 기온과 습도의 변화에 따라 털갈이를 한다. 겨울에는 밀도가 촘촘한 겨울털이 나고 여름이 오면 겨울털이 빠지며 체온을 조절하고 추위나 더위로부터 몸을 보호하는 것이다. 이때 빠진 털을 그대로 방치하면 피부가 짓물러 오염물질이 쌓이고 이로 인해 체온 조절이 어려워지며, 혈액 순환도 잘 안 된다. 매일 브러싱을 통해 빠진 털을 정리하고 피부를 관리해주자. 또한 털이 빠져서 집안에 날리기 전에 미리미리 브러싱을 해주면 집안도, 피부도 말끔해진다. 보호자는 브러싱을 통해 반려동물의 피부 상태, 트러블, 기생충 유무 등의 건강 상태를 확인할 수 있으며 돈독한 유대감도 형성하게 된다.

🐾 목욕시키기

얼마나 자주 씻겨야 할까?

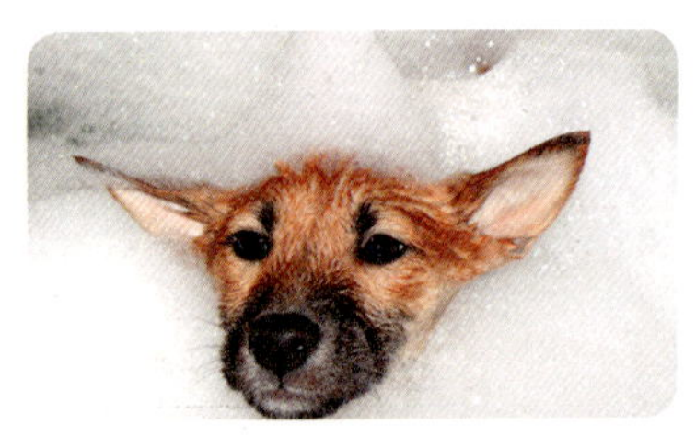

목욕은 너무 자주 하면 피부가 건조해져 각질이 일어나고 세균에 쉽게 감염될 수 있기 때문에 10~14일에 한 번씩 하는 것이 적당하다. 피부 상태나 냄새의 유무에 따라 간격을 늘리거나 줄이도록 한다. 이때 샴푸는 반려동물 전용 샴푸를 사용하고 되도록 무향을 쓰는 것이 좋다. 사람에게 좋은 냄새가 반려동물에게는 역겨울 수도 있기 때문이다.

목욕시키는 방법

1 물을 묻히기 전에 브러싱으로 온몸의 털을 정리한다.

2 미지근한 물을 사용해 목 아래쪽으로 먼저 샤워시킨다. 머리 주변은 눈이나 귀에 물이
  들어가지 않도록 수압을 약하게 해서 씻긴다.

3 샴푸를 거품 내서 온몸에 칠하고 마사지하듯 문지르며 구석구석 닦아준다. 얼굴과 발바
  닥도 잊지 않는다. 고무브러시를 사용해 문지르면 좋다.

4 따뜻한 물로 샴푸를 충분히 헹군다. 이때도 눈이나 귀에 샴푸물이 들어가지 않도록 조
  심한다.

5 수건으로 재빨리 머리의 물기를 닦아주고 몸도 물기를 완벽히 닦는다.

6 드라이기의 약한 바람이나 냉풍으로 물기를 바싹 말린다. 물기를 완벽히 말려주는 것이
  가장 중요하다.

처음 개를 목욕시킬 때

개는 욕조를 무서워하고 불편해한다. 욕조에서 목욕시키려면 적응하는 것부터 시작해야 한다. 일단 바짝 말린 욕조에 반려견을 넣고 좋아하는 간식을 주어 좋은 기억을 심어준다. 반려견이 마른 욕조에 어느 정도 적응하면 물을 아주 약하게 틀어 놓고 다시 좋아하는 간식을 준다. 이 과정을 몇 번 시도한 뒤에 욕조에 미지근한 물을 받아 놓고 반려견을 넣는다. 반려견이 거부 반응 없이 물을 즐기게 되면 그때 샴푸를 사용해 온몸을 씻긴다. 헹굴 때는 물을 약하게 틀거나 바가지에 물을 담아 꼬리부터 부어준다. 목욕을 마치면 반려견이 좋아하는 간식으로 보상해 좋은 기억을 심어준다.

처음 고양이를 목욕시킬 때

고양이를 사람 욕조에 넣으면 놀랄 수 있으니 큰 대야를 준비해 그 안에서 씻기는 것이 좋다. 대야에 미지근한 물을 담고 고양이를 어루만지면서 아주 천천히 넣고 겁에 질리지 않도록 가능한 한 조심스럽게 물을 뿌린다. 처음에는 물의 양을 바닥 정도로 얕게 하고 점점 늘려준다. 고양이 전용 샴푸로 골고루 씻긴 뒤 충분히 헹군다. 큰 수건으로 몸을 감싸 물기를 닦은 다음 드라이어의 약한 바람으로 완전히 말린다. 목욕을 마치면 간식을 주거나 놀아준다.

상황에 따라 골라 쓰는 샴푸

저자극 샴푸

일반 샴푸에서 자극될 만한 화학 물질을 제거하고 자연 성분으로 대체한 샴푸. 일반 샴푸가 자극적인 개나 어린 강아지, 또는 피부병 치료가 끝난 개에게 사용한다. 단, 세정력은 조금 떨어진다.

약용 샴푸

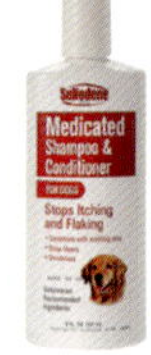

피부 상태에 따라 수의사의 처방을 받아 치료 목적으로만 사용하는 약효가 있는 샴푸다.

살균 샴푸

자극이 매우 강한 소독용 샴푸. 피부염의 원인이 되는 균을 억제하고 피부염 개선을 목적으로 한다. 균이 증가하는 원인을 제거해주지 않은 채 살균 샴푸만 사용하면 효과가 떨어진다. 이 샴푸 역시 수의사의 처방을 받아 사용한다.

진드기 구제 샴푸

진드기를 죽일 목적으로 사용하는 샴푸. 상태가 심할 경우에만 한 번씩 사용하면 된다.

부위별 관리 방법

귀

반려견의 귓속에는 털이 덮여 있고 습해서 곰팡이나 진드기가 잘 번식한다. 정기적으로 귀를 청소하여 트러블을 예방하자. 귓속 피부는 연약하기 때문에 면봉으로 자극을 주면 염증이 쉽게 생길 수 있다. 또 귓속이 ㄴ자 모양으로 되어 있어 면봉으로 귀지를 제거하려다 오히려 안으로 집어넣게 된다. 따라서 면봉은 절대 사용하면 안 된다. 귀 청소는 세정액을 사용하는 것이 좋다. 또한 미용이나 청결 목적으로 귀털을 제거하는 것은 매우 위험하다. 귀털은 반드시 수의사의 진단에 따라 치료를 위해 필요하다고 판단되는 경우에만 뽑아야 한다.

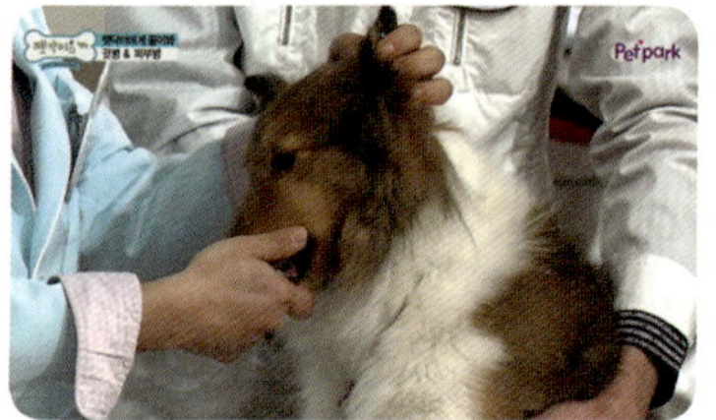

1 간식으로 관심을 유도한다. 손에 간
  식을 보일 듯 말 듯하게 쥐고 냄새를
  맡게 한다.

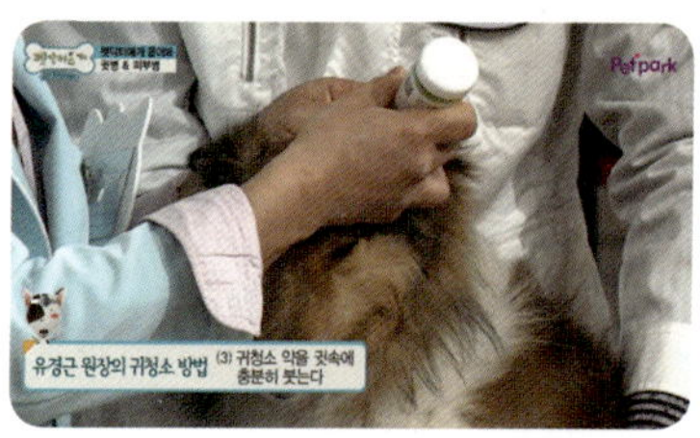

2 귀 세정액을 귓속에 충분히 넣는다.
  세정액이 밖으로 흘러내릴 정도로
  붓는다.

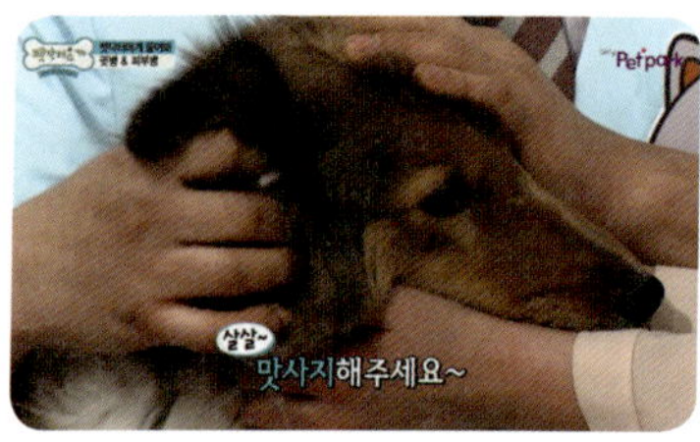

3 귓구멍을 화장솜 등으로 막고 살살
  흔들면서 연골을 마사지한다. 마사지
  하기 힘들면 귀를 살살 흔들기만 해
  도 세정액이 위아래로 흐르면서 귀
  지를 녹여낸다.

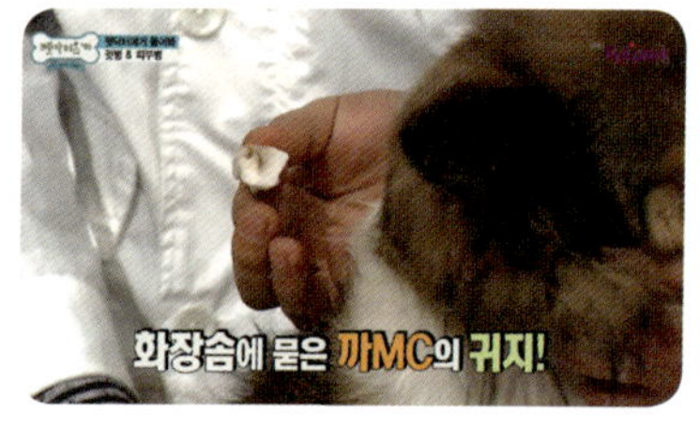

4 귀 입구로 흐른 세정액과 귀지를 화
  장솜 등으로 닦아낸다.

눈

눈에 이물질이나 털이 들어갔을 때, 눈 주위가 지저분
해졌을 때 수시로 닦아준다. 오염물을 방치하면 안질
환이나 염증을 일으킬 수 있다. 그리고 수시로 눈물을
닦아줘야 하는데, 개의 눈물에 포함된 미네랄 성분이

산소와 결합하여 세균이 들러붙어 그 독소
에 의해 털이 붉게 변색되기 때문이다. 눈
밑이 변색되면 보기에 좋지 않고 냄새도
나지만 개들이 긁어서 눈에 상처를 입게

된다. 목욕 전후에도 눈세정제를 눈에 넣어 샴푸에 의한 자극을 줄여준다.

눈 닦는 방법

1 손수건이나 거즈에 눈세정제를 적셔 눈 앞쪽에서 뒤쪽 방향으로 닦아낸다. 눈에 자극이
  가지 않도록 힘을 빼고 부드럽게 닦아낸다.
2 눈앞에 달라붙은 이물질을 닦아낼 때는, 눈 앞쪽 피부를 손으로 고정하고 아래 방향으
  로 닦아낸다.

이빨

이빨은 반드시 매일 닦아준다. 목욕보다 100배 더 중요하기 때문에 어릴
때부터 습관을 들이는 것이 좋다. 간식 형태나 잇몸에 발라주는 치약도 있
지만 치약과 칫솔을 사용해 양치질을 해주는 것이 가장 효과적이다.

양치질 방법

1 반려견이 좋아할 만한 치약을 선택해서 매일 조금씩 먹여본다.
2 치약 맛에 익숙해지면 시간 날 때마다 손가락으로 이빨을 만져준다. TV를 보다가, 안아
  줄 때 한 손으로 이빨을 만지는 식이다.
3 보호자의 손가락에 거부감이 없어지면 손가락에 치약을 묻혀 닦아본다.

4 그다음에는 손가락에 거즈를 감고 치약을 묻혀 닦아본다.

5 그리고 면봉에 치약을 묻혀 닦아본다.

6 마지막으로 반려견이 가장 좋아하는 형태와 크기, 색깔의 칫솔을 구입해 치약을 묻혀 닦아준다.

발톱

실내에서 자라는 반려견은 발톱이 잘 닳지 않기 때문에 계속 잘라줘야 한다. 특히 앞발 안쪽에는 '며느리발톱'이라는 퇴화된 발톱이 있는데 이를 자르지 않으면 피부를 파고들 수 있다.

발톱 깎는 방법

1 발을 만지는 것부터 시작한다. 발을 만질 때 가만히 있으면 간식을 주어 좋은 기억을 심어준다.

2 그다음에 발을 부드럽게 마사지해준다. 이때도 가만히 있으면 간식을 준다.

3 발톱깎이를 가져다 놓고 여기에 관심을 보이거나 냄새를 맡으면 간식을 준다.

4 발을 만지는 것과 발톱깎이에 거부감이 없어지면 한쪽 발톱을 깎아본다. 이때 반려견이 조금이라도 싫어하면 바로 그만둬야 한다.

5 발톱을 하나씩 깎을 때마다 좋아하는 간식을 준다. 이런 식으로 적응시켜나가면 언젠가 한 번에 모든 발톱을 깎을 수 있게 된다.

항문낭

개들이 배변을 하면 변에 항문낭액이 조금씩 묻어나오는데 그 냄새를 통해 서로를 파악하고 영역을 표시하게 된다. 개 특유의 비릿한 냄새의 주범이 바로 이 항문낭액이다. 그런데 개들이 사람과 함께 살면서 항문낭액을 따로 배출할 필요가 없어졌고, 이것을 주기적으로 배출하기 위해 엉덩이를 땅에 끌고 다니는 행동을 하게 된다. 이런 행동은 예민한 항문 주름에 염증을 유발하고 거뭇하게 착색될 수 있다. 또 이것이 심해져 항문낭이 파열되면 항문 주변의 피부 조직에도 구멍이 뚫린다. 따라서 항문낭액을 제때 짜줘야 한다. 한 달에 1~2회 정도 목욕할 때 짜주면 된다.

항문낭 짜는 방법

1 한쪽 손으로 꼬리를 12시 방향으로 위로 잡아 올린다.

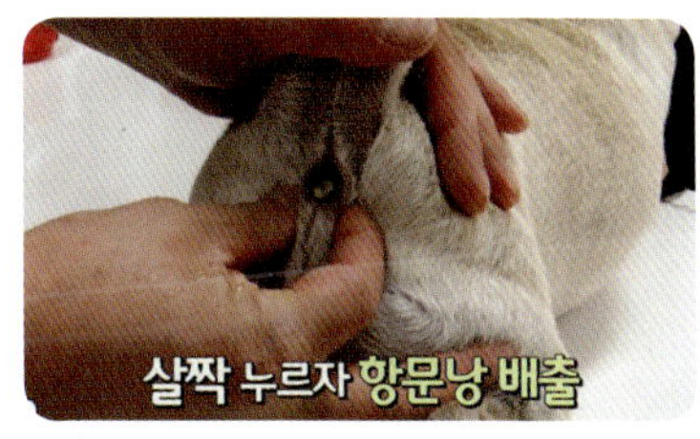

2 엄지와 검지를 이용해 4시와 8시 방향으로 항문낭을 잡아 주머니가 잡히면 위쪽으로 짠다. 이때 양옆에서 누르지 말고 아래에서 위로 눌러 짠다.

마사지하며 건강 체크하기

반려견을 위한 마사지 체크

사랑하는 반려견을 자주 만져주면서 아픈 곳이 없는지 확인해본다.

마사지하기

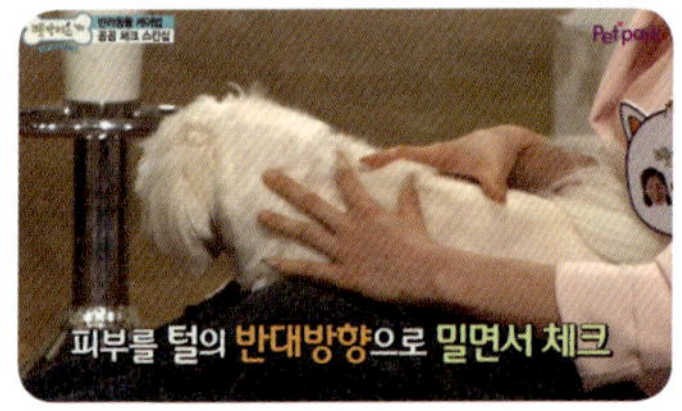

1 머리끝부터 시작해 꼬리까지 피부를 털이 난 반대 방향으로 밀면서 털이나 몸에 뭐가 나지 않았는지, 만질 때 아파하는 부분이 있는지 확인한다.

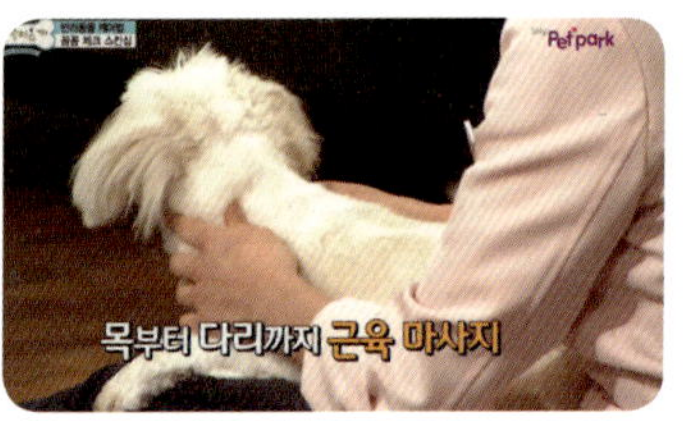

2 목부터 다리까지 척추 양쪽의 근육을 마사지하면서 아파하는 부분이 있는지 살펴본다. 통증을 느끼면 디스크 신호일 수도 있다.

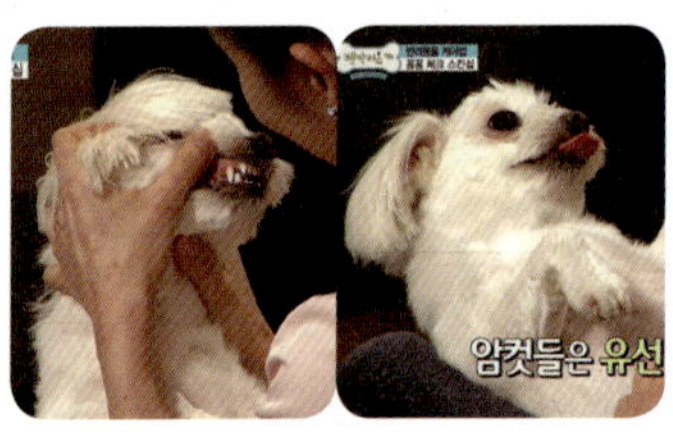

3 이빨과 귀, 배, 가슴을 확인한다. 암컷은 유선에 몽글몽글하게 잡히는 것이 없는지 확인한다.

4 마지막으로 발바닥을 확인한다. 피부를 핥아서 빨갛게 된 정도는 괜찮지만 발바닥 피부가 부어 있으면 지간염을 의심해볼 수 있다.

고양이를 위한 칫솔 그루밍

칫솔을 활용한 마사지를 통해 고양이의 상태를 확인할 수 있다. 고양이가 깨어 있을 때 하면 싫어하거나 장난감으로 인식하기 때문에 잠을 자거나 늘어져 있을 때 해준다.

칫솔 그루밍하기

1 고양이의 혀 느낌이 나는 칫솔로 이마 부위를 살살 문질러 고양이를 집중시킨다.

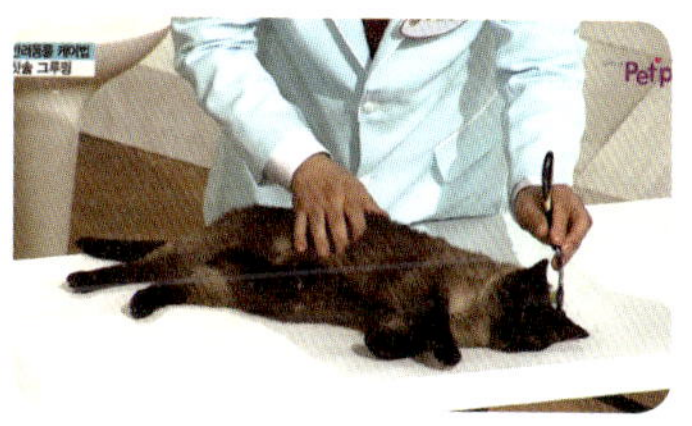

2 발, 발톱, 귀, 배 등 몸 전체를 만져 보면서 이상이 없는지 확인한다.

반려동물의
산책과 외출

산책은 반려견의 큰 즐거움 중 하나이며 심신의 건강을 유지하는 데도 매우 중요한 활동이다. 또한 주인과 반려동물 사이를 더욱 돈독히 만드는 기회이기도 하다. 다만, 산책이나 다른 이유로 반려동물과 외출할 때는 다른 사람에 대한 배려를 잊지 말아야 한다. 반려동물과 외출할 때 지켜야 하는 에티켓을 배워 조금만 더 신경 쓰면 소중한 반려동물이 밖에서도 존중받고 사랑받을 수 있을 것이다.

매일 산책시키기

반려견에게 산책은 꼭 필요한 운동이며 동시에 주인과 신뢰를 쌓고 바깥세상을 공부하는 중요한 경험이다. 주인 역시 집안에서와는 또 다른 모습의 반려견을 확인하는 재미난 시간이 될 수 있다. 산책하기에 적당한 시간은 견종, 나이, 혹은 계절에 따라 조금씩 다르지만 대개 매일 30분~1시간 정도가 좋다. 어린 반려견과 산책을 나갈 때는 조금 불안해할 수도 있으니 사람이 많거나 복잡한 장소는 피하는 것이 좋다. 한적한 공원이나 조용한 산책로가 가장 적당하다. 산책 중에 반려견이 무서움을 느낀다면 잠시 안고 걷는 것도 좋다. 반려견이 나이가 들어 다리와 허리가 약해지면 산책을 안 하는 편이 더 좋다고 생각할 수 있는데, 적절한 운동과 자극이 없는 생활은 노화를 더욱 앞당길 수 있다. 노령견에게 맞는 가벼운 산책은 꾸준히 시도하자.

야외에서는 항상 목줄을 가까이 쥐고 있어야 한다. 목줄을 늘어뜨려 반려견을 멀리 보내거나 풀어주는 행동은 주변 사람을 공포와 위험에 빠뜨릴 수도 있다. 또한 주변 사람이나 개에게 무심코 다가가지 않는다. 모든 사람이 동물을 좋아하지는 않는다. 주변에 반려견을 무서워하는 사람이나 동물이 있다면 "앉아", "기다려" 등을 지시해 상대가 안심하고 지나가도록 배려한다. 반려견이 지시에 잘 따랐다면 칭찬과 간식으로 보상해주자. 이런 경험은 반려견과 보호자 사이의 신뢰를 두텁게 하고 더욱 즐거운 산책 시간을 만드는 활력소가 될 것이다.

산책 후 브러싱 해주기

산책 후 집에 돌아오면 가장 먼저 브러싱을 해주자. 바깥에서 묻혀온 오염물이나 진드기가 몸에 남아 있을 수 있으니 빗질을 통해 없애준다. 얼굴과 발은 물수건이나 거즈로 꼼꼼하게 닦아주고 시원한 바람을 이용해 물기를 바싹 말려준다. 발바닥은 물 없이 사용할 수 있는 거품 세정제를 사용해 깨끗이 닦아주면 더욱 좋다.

산책 후 수분 보충해주기

날씨가 좋은 계절에는 산책을 자주 나가게 된다. 하지만 황사가 심하거나 미세먼지 농도가 짙은 날에는 되도록 자제하는 것이 좋다. 황사로 인해 결

막염, 각막염, 기관지 질병이 생길 수 있기 때문이다. 황사와 미세먼지가 심한 날에는 산책 후 평소보다 물을 많이 챙겨준다. 개가 먹을 수 있는 과일을 작게 잘라 물과 함께 믹서에 갈아 과일즙을 만들어서 물에 약간만 섞어주면 과일의 단맛 때문에 잘 먹게 된다. 사료를 물에 불려 주거나 습식 사료를 주는 것도 수분 보충에 좋다.

펫 닥터스 Tip

반려견과 외출할 때 꼭 지켜야 할 에티켓

1 목줄은 반려동물의 안전벨트. 집 밖으로 나갈 때는 언제나 목줄을 착용한다. 또한 목줄은 항상 보호자와 가깝게 붙잡고 있어야 한다. 목줄을 길게 늘어뜨리면 의도치 않은 사고가 날 수 있다. 동물보호법 제13조 2항에 의해 목줄과 이름표를 착용하지 않았을 때는 50만 원 이하의 과태료를 물게 되어 있으니 주의하자.

2 산책이나 외출을 나갈 때는 배변 봉투와 휴지, 물을 반드시 챙긴다. 소변 본 자리에는 물을 뿌려 자국이 남지 않도록 하고 배변은 봉투에 담아 자국이 남지 않도록 휴지로 닦는다. 동물보호법 제13조 2항에 의해 배설물을 수거하지 않았을 때는 50만 원 이하의 과태료가 부과될 수 있으니 주의하자.

엘리베이터 이용할 때

반려견과 엘리베이터를 탈 때 목줄을 길게 늘어뜨리면 목줄이 문에 끼거나 개가 들어오지 못하고 문이 닫힐 수 있다. 또 개를 불편해하는 주민이 있을 수 있으니 작은 강아지는 직접 안고 타고, 대형견 같은 경우에는 목줄을 짧게 잡고 다리 사이에 끼우거나 구석에 세워 다른 사람에게 다가가지 못하게 막아야 한다. 사납거나 심하게 짖는 개는 입마개를 꼭 씌우도록 한다.

대중교통 이용할 때

반려동물과 대중교통을 이용하려면 꼭 크레이트에 넣어 이동해야 한다. 크레이트를 사용한다 해도 택시나 버스 기사에게 미리 양해를 구하고 탑승하는 것이 좋다. 기차를 이용할 때에는 크레이트에 넣어 보이지 않게 해야 하고 광견병 접종 증명서와 예방 접종 증명서를 꼭 챙겨야 한다. 이를 위반하면 10만 원의 과태료가 부과된다. 시외버스는 보통 반려동물의 탑승을 금지하고 있지만 운송회사마다 차이가 있으니 미리 연락해 조건을 확인한다.

해외여행 갈 때

1 항공권을 예매한 항공사에 반려동물 수화물 서비스를 신청한다. 크레이트 무게를 포함해 5kg이 넘으면 항공사에 전화해 꼭 예약해야 한다.

2 동물병원에서 수의사가 발급한 건강 증명서, 광견병 항체 검사 결과지, 내장형 마이크로칩을 준비한다. 개와 고양이는 정부기관에서 발행한 24개월 이내의 광견병 항체 검사 결과지를 꼭 제출해야 한다. 항체 검사를 받는 데 최소 2주가 걸리고 항체가 생기지 않으면 재접종이 필요하기 때문에 기간을 넉넉히 두고 준비하는 것이 좋다.

3 준비한 서류들을 가지고 공항 내에 있는 동·식물 수출 검역실에 가면

검역 증명서를 받을 수 있다.

4 비행기에 탑승할 때는 크레이트 포함 5kg 이상은 수화물 칸에, 5kg 미만은 기내에 동승할 수 있다.

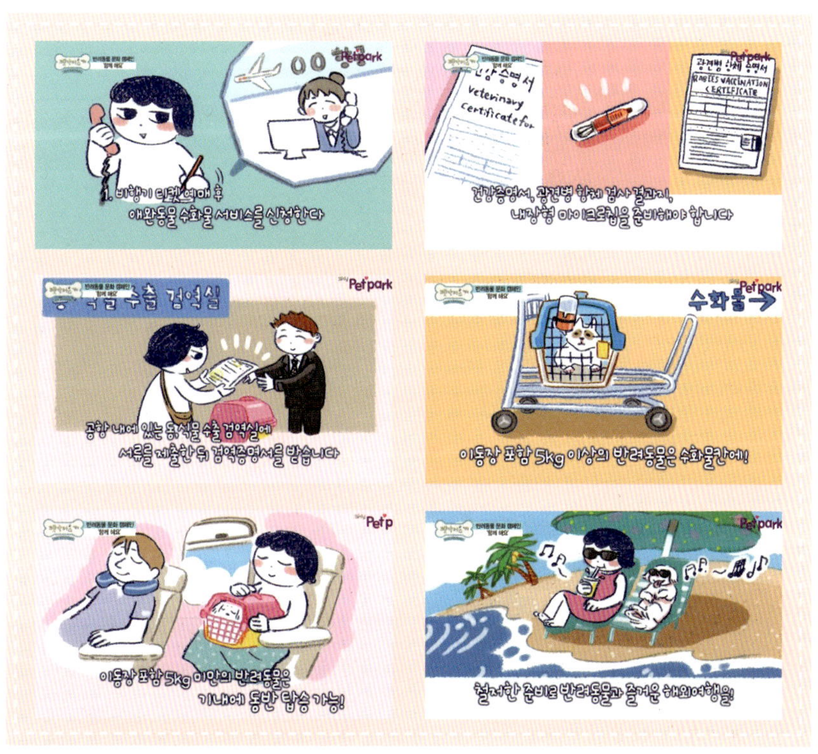

집에서 하는 머핀 놀이

준비물 머핀 틀 또는 달걀판, 테니스공, 간식

머핀 놀이는 날씨가 좋지 않아 산책하기 어려울 때 집 안에서 놀아주기 좋은 방법이다.
단순해보이지만 반려견의 뇌를 자극하는 효과가 있어,
놀이와 뇌운동을 동시에 시킬 수 있다.

1　집에 있는 머핀 틀이나 달걀판에 간식을 듬성듬성 담는다.

2　①에 테니스공을 올려 간식을 감춘 뒤 반려견이 찾도록 유도한다.

반려동물의
비만과 다이어트

최근 한 대학의 조사에 따르면 개의 39.3%, 고양이의 20%가 과체중이거나 비만이라고 한다. 만병의 근원이 되는 비만은 사람보다 반려동물에게 더 치명적이다. 그런데 보호자 대부분은 자신의 반려동물이 비만이 아니며 조금 뚱뚱해도 큰 문제가 되지 않는다고 생각한다. 비만은 하나의 질병이며 또 다른 여러 질병을 초래한다는 사실을 정확하게 인지하여 철저히 관리하는 것이 무엇보다 중요하다. 반려동물의 비만을 예방하는 생활법과 올바른 다이어트 방법을 알아보자.

🐾 반려동물이 살찌는 원인은 보호자이다

반려동물의 비만 여부는 전적으로 보호
자의 사육방식에 따라 결정된다. 사람은
자신의 몸무게를 스스로 관리할 수 있지
만 반려동물은 그렇지 못하다. 즉 반려
동물이 살찌는 것이 아니라 보호자가 살

을 찌우는 것이다. 그만큼 보호자가 어떤 음식을 먹이는지 운동을 잘 시키
는지가 중요하다. 비만도가 높은 반려동물은 그만큼 수명이 짧아지므로,
보호자가 책임지고 지방이 적은 식사와 적절한 운동을 통해 적정한 체중을
유지시켜야 한다.

🐾 반려동물을 비만에 빠뜨리는 보호자 유형

사람 기준으로 판단하는 보호자

반려동물에게 가장 흔한 질병이 비만이
다. 하지만 보호자는 자신의 반려동물이
조금 통통할 뿐 비만은 아니라고 생각하
기 때문에 문제가 된다. 5kg이던 개가
6kg으로 몸무게가 늘면 사람 기준으로

볼 때는 별문제가 없어 보이지만 이는 70kg인 사람이 84kg이 된 것과 같

다. 또 7kg까지 몸무게가 더 늘면 이는 70kg인 사람이 98kg이 되는 것과 마찬가지다. 개가 손을 쓸 수 없을 정도로 살찌기 전에 식단 조절과 운동을 통해 비만을 방지하자.

365일 겸상하는 보호자

사람이 밥을 먹을 때 반려견에게도 같은 음식을 주는 것은 좋지 못한 습관이다. 보호자가 식사를 하면서 같은 음식을 반려동물에게 먹이는 경우 똑같이 뚱뚱하거나 똑같은

질병을 앓기도 한다. 사람의 고기 한 점이 반려견에게는 한 덩어리와 같음을 기억하자. 식탁 아래에서 음식을 바라보는 반려동물의 눈빛을 외면하기 힘들어 조금씩 주다 보면 의도치 않게 사랑하는 반려동물을 비만으로 만들 수 있다. 사람이 밥을 먹을 때 반려견이 식탁 주변에 오더라도 눈을 마주치지 말고 냉정하게 며칠만 무시하면 식탁 근처에 잘 안 오게 된다.

산책을 시키지 않는 '방콕' 보호자

실내견이라서 산책이 필요 없다고 생각하는 보호자가 있는데, 실내견도 산책을 통해 에너지를 발산하고 사회화 경험을 하기 때문에 꼭 산책을 시켜야 한다. 동물도 사람과 마찬가지로 운동이 부족하면 비만과 각종 질병에 약해지게 된다.

고기

고기를 먹는 것 자체는 문제가 없지만 사람이 먹는 양을 기준으로 똑같이 주면 문제가 된다. 개의 체중은 사람 체중의 1/20이므로 음식도 1/20 정도로만 줘야 한다. 사료의 양을 고려하면 간식은 더  적게 줘야 한다. 고기를 비롯한 모든 간식은 일반적으로 생각하는 것보다 훨씬 더 잘게 잘라서 한두 개 정도만 줘야 한다.

국밥

보통 국밥을 보양식으로 생각하고 소화 흡수도 잘 될 것으로 여기는데, 이는 잘못된 생각이다. 국밥은 열량이 굉장히 높아 살찌기 쉬우며, 염분도 많아서 동물의 신장과 심장에 무리를 줄 수 있다.

과일

과일의 당분을 너무 많이 섭취하면 살이 찌는 원인이 된다. 또한 당 수치가 높아져 몸에 있는 수분 배출량이 늘어나서 탈수가 올 수도 있다. 이는 결석이 생기는 원인이 되고, 그 밖에 여러 질병을 유발하는 원인이 된다. 과일을 줄 때는 아주 작게 잘라서 한두 개 정도만 준다.

반려동물이 비만이면 가장 먼저 관절에 무리가 되어 관절염 등의 근골격계 질환이 발생하게 된다. 특히 소형견은 체중이 늘면서 무릎이 탈구되어 다리를 못 쓰게 되는 경우까지 생긴다. 관절이 안 좋으면 움직임이 적어지고 그러면 살이 더 찌는 악순환에 빠지게 된다. 또한 사람과 마찬가지로 갑상선이나 부신 등의 내분비계 질환이 발생하며 고혈압, 당뇨 등의 성인병은 물론 지방간까지 발생할 수 있다. 지방간은 처음에는 증상이 없다가 점점 지방이 축적되면서 간이 커져 여러 가지 문제가 생기게 된다. 기관지 주변에 지방이 쌓여 기도 협착이 오기도 한다. 기도 협착은 유전적인 요인으로 생기기도 하지만 비만이 이를 악화시키면 거위가 우는 소리가 나기도 한다. 기도가 협착된 개는 산책할 때 유난히 숨을 헐떡이게 되니 비슷한 증세를 보인다면 검사해보자.

비만 고양이에게 발생하는 가장 심각한 질병 중 하나는 하부요로계 증후군이다. 요도에 결정이 생기면서 요도가 막혀 배뇨를 못 하거나 빈뇨, 통증, 혈뇨 등의 증상을 겪게 된다. 보호자가 이를 알지 못하고 방치하면 신장이 망가져 사망에 이르게 된다. 뒤늦게 치료한다 해도 재발 위험이 크다.

🐾 다이어트가 필요한 반려동물

보호자들은 '우리 아이가 뚱뚱하지 않다'고 생각하는 경향이 있다?

우리나라 반려견의 비만 비율은 40% 정도인데 보호자가 비만을 인식하는 경우는 30% 정도다. 미국의 경우에도 개의 52.5%, 고양이의 55.8%가 과체중 또는 비만이라는 보고가 있는데 보호자 중 45%가 자신의 반려동물은 정상이라고 생각한다. 반려견이 뚱뚱해서 귀엽다는 생각은 위험하다. 비만이 죽음과 직결될 수 있다는 사실을 잊지 말자. 또한 간식을 많이 주는 것보다 잘 놀아주는 것이 반려동물에 대한 진정한 사랑임을 기억하자.

반려동물의 비만 여부 확인하기

1 갈비뼈를 만졌을 때 힘을 주어야 겨우 느껴지거나 확인이 거의 어려우면 비만이다. 갈비뼈가 눈에 보일 정도로 도드라지게 만져지면 마른 것이고, 손을 폈을 때 손등의 관절처럼 만져지면 정상이다.

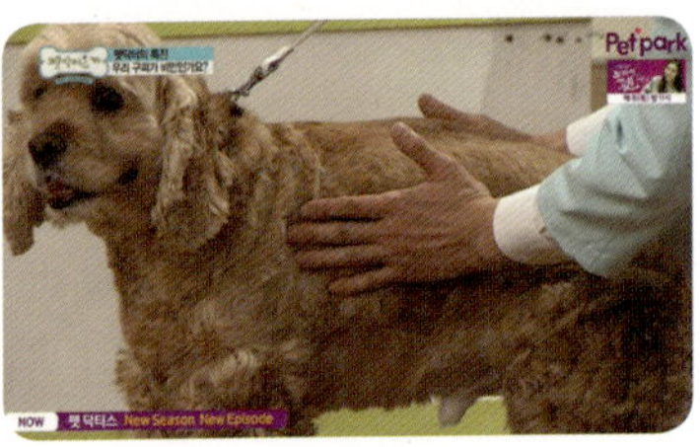

2 위에서 내려다 봤을 때 허리가 살짝 잘록하게 들어가야 정상이다.

3 배는 가슴보다 살짝 위로 올라가 있어야 정상이다.

질병 때문에 비만이 생길 수도 있다

내분비계 이상으로 지방을 분해하는 기능이 감소하면 살이 찔 수 있다. 이를 내인성 비만이라고 한다. 내인성 비만의 증상은, 사료량이 많지 않은데도 살이 찌고 잘 움직이지 않는 것, 피부가 안 좋아지고 대칭형 탈모가 생기는 것, 추위를 잘 타는 것 등이 있다. 이런 경우에는 검사를 통해 정확한 이유를 알아내야 한다.

반려동물에게 알맞은 다이어트 방식

비만인 개와 등산은 금물

지형이 울퉁불퉁하고 오르막 내리막이 있으면 반려견의 관절에 엄청난 무리를 준다. 올라갈 때에는 개의 뒷다리에 무리를 주고, 내려갈 때에는 어깨 관절에 무리를 준다. 실제로 등산하는 개들이 디스크나 관절 질환으로 병원을 찾는 경우가 많다. 계단 역시 위험하다. 비만인 개가 계단을 내려갈 때 체중에 과부하가 걸려 골절이 생기거나 관절염이 악화될 수 있다. 따라서 산책은 보도블록이나 시멘트 바닥 같은 지형이 고른 평지에서 시키는 것이 가장 좋다.

급격한 감량은 위험하다

개와 고양이도 다이어트를 급하게 하면 요요 현상이 생긴다. 따라서 한 달에 체중의 3%씩 6개월~1년 정도의 기간을 두고 천천히 다이어트해야 한다. 특히 고양이의 경우 칼로리를 무리하게 제한하면 지방간이 생겨 사망할 수도 있으니 일주일에 체중의 1~2%씩 줄이는 것이 중요하다.

칼로리는 줄이고, 영양은 높이고

다이어트를 시킬 때 사료량을 줄여서 주는 경우가 있는데 이는 위험하다. 칼로리는 제한할 수 있겠지만 필수 영양소가 결핍될 수 있기 때문이다. 따라서 반드시 처방식 사료로 다이어트를 해야 한다. 처방식 사료에는 일반 사료보다 포만감을 주는 식이섬유가 많고 다이어트 중 단백질 손실을 막기 위해 단백질 함량도 높다. 또 나이가 많은 반려동물은 원하는 식사가 아니면 며칠이고 굶기도 하는데 이때에는 처음부터 완벽한 다이어트를 실시하기보다는 단계적으로 처방식 사료에 익숙해지도록 해야 한다.

다이어트에 좋은 운동 베스트 3

산책

가장 하기 쉬우면서 보호자도 운동 효과를 얻을 수 있어 일거양득이다. 사실 반려견은 밥을 주는 사람보다 같이 산책하고 놀아주는 사람을 더 좋아

한다고 한다. 반려견은 보호자와 산책하면서 정서적 교감을 나누기 때문에 산책은 운동 이상의 의미를 갖는다. 산책을 시킬 때에는 목줄을 짧게 잡고 직선 운동을 시켜야 한다. 빨리 뛰든지 늦게 걷든지, 똑바로 걸어갔다가 똑바로 돌아오는 것이 중요하다. 산책을 못 시키는 고양이는 상하 운동을 할 수 있는 캣타워를 설치하거나 음식과 물그릇의 위치를 자주 바꿔 찾아 먹게 한다.

수영

관절에 무리를 주지 않으면서 근력을 키워준다. 특히 관절염이 있는데 무리하게 걷게 하거나 운동을 갑자기 심하게 시키면 병이 악화될 수 있기 때문에 관절에 무리를 주지 않는 수영이 가장 좋다. 개는 물에 뜰 수밖에 없

는 구조를 갖고 있지만 개도 익사하는 경우가 종종 있기 때문에 수영을 시킬 때에는 먼저 개가 물에 잘 뜨는지 확인해야 한다. 그리고 레트리버처럼 수영에 특화된 개도 바다에서 파도를 만나면 위험할 수 있기 때문에 바다 수영은 피하는 것이 좋다. 또 개가 물을 극도로 싫어하는 경우에는 욕조에 체중의 1/3 정도 되는 물을 받아 운동을 시키다가 차츰 물 높이를 올려주는 것이 좋다. 수영한 다음에는 반드시 털을 잘 말려서 피부가 젖지 않도록 한다. 털이 젖은 상태로 오래 있을수록 피부 면역력이 떨어져 여름철에는 세균이나 곰팡이에 쉽게 감염되고 겨울철에는 감기에 잘 걸린다.

마사지

혈액 순환을 돕고 배설 기능을 원활하게 하는 마사지를 통해 에너지 소비를 늘릴 수 있다. 배설 기능을 촉진하는 림프마사지를 해주면 다이어트 효과가 높아진다. 아래 방법을 익혀 꾸준히 마사지를 해주자. 1~5번 과정을 10분 정도 순서대로 마사지한 뒤 6번 과정으로 마무리한다.

1 오금(무릎의 구부러지는 오목한 안쪽 부분)을 문지른다.

2 손을 깊이 넣어서 서혜부(아랫배와 넓적다리가 만나는 부위)를 주무른다.

3 겨드랑이 뒤쪽을 문지른다.

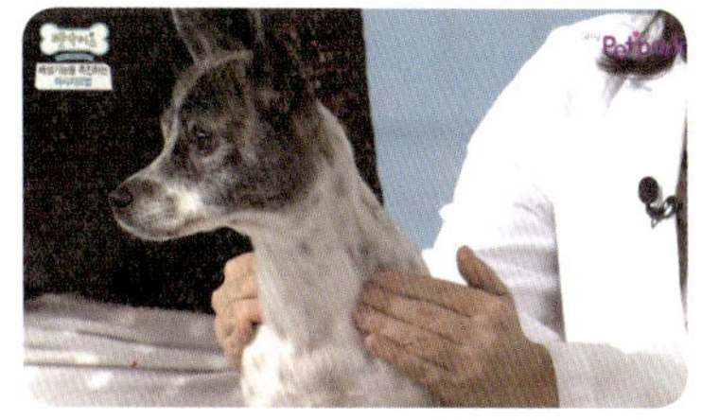

4 어깨뼈 앞쪽을 살살 누르며 주무른다.

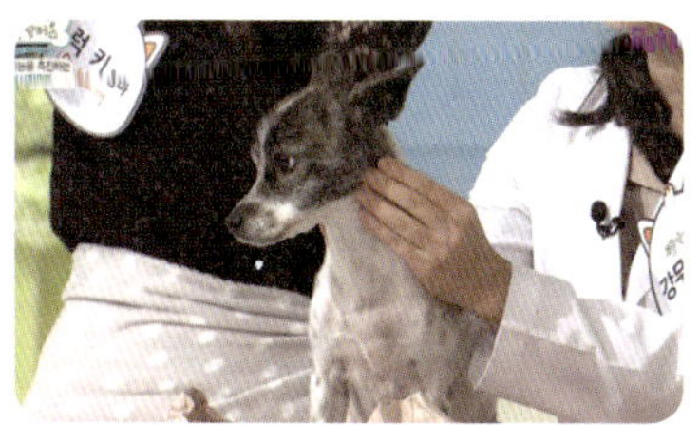

5 턱 아래를 주무르고 쓰다듬는다.

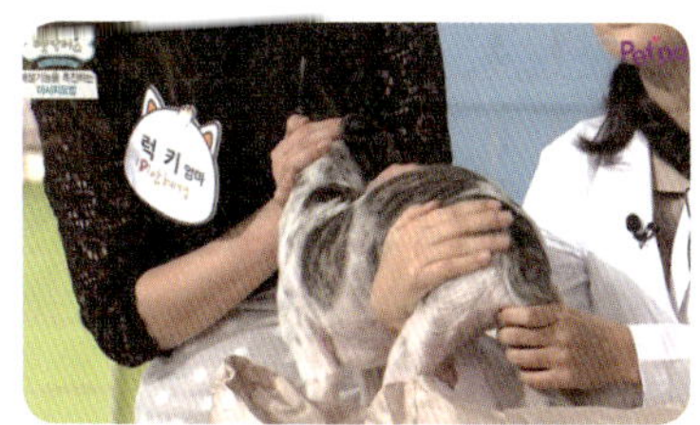

6 발끝부터 심장 쪽을 향해 쓰다듬듯이 마사지하고 앞다리도 아래에서 위로 쓰다듬는다.

반려동물에게 치명적인 가정 내 이물질

개와 고양이는 무엇이든 주워 먹으려고 하기 때문에 늘 조심해야 한다. 반려동물이 집안 어딘가에 놓여 있는 이물질을 집어삼켜 심각한 일이 생기기 전에 미리미리 주의하자. 이물질을 집어삼킨 반려동물의 잘못보다는 위험한 이물질을 방치한 보호자의 잘못이 더 크다. 반려동물에게 특히 위험한 이물질을 알아보자.

사람의 약

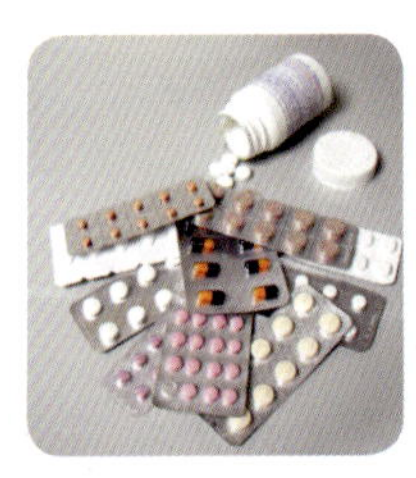

반려동물이 많이 먹는 이물질은 사람의 약이다. 가족들이 여기저기 생각 없이 놓아둔 약봉지를 그대로 뜯어 먹는 것이다. 주로 해열제, 진통제, 관절염약, 항우울제 등을 먹은 것으로 나타난다. 이 중 20~30% 정도는 보호자가 치료 목적으로 직접 먹이기도 하는데 이는 매우 위험한 행동이다. 알약 1개는 성인 몸무게 40~60kg에 맞춰진 양이다. 3~4kg인 개에게는 1/2개라도 매우 치명적이다. 간수치가 급격히 상승해 신부전이 오거나 위장 궤양이나 그 외의 소화기 증상이 나타날 수 있다. 보호자가 가장 많이 먹이는 약은 일반적인 진통제인데 150mg 이상(1/4알 이상) 먹이면 사망에 이르게 할 수도 있다. 고양이는 1/10만 먹어도 위험하다. 사람의 약은 반려동물의 눈에 띄지 않는 곳에 신경 써서 보관하고, 절대 치료의 목적으로 먹여서도 안 된다.

욕실용 세제

개가 세제로 청소한 욕실 바닥을 핥고서 의식을 잃고 쓰러지는 경우가 있다. 또한 피부에 세제가 닿아 화상을 입기까지 한다. 따라서 욕실을 세제로 청소한 다음에는 물로 충분히 헹구고 환기를 잘 시켜야 한다. 그리고 반려동물이 욕실에 들어가지 못하도록 문을 닫아놓는다.

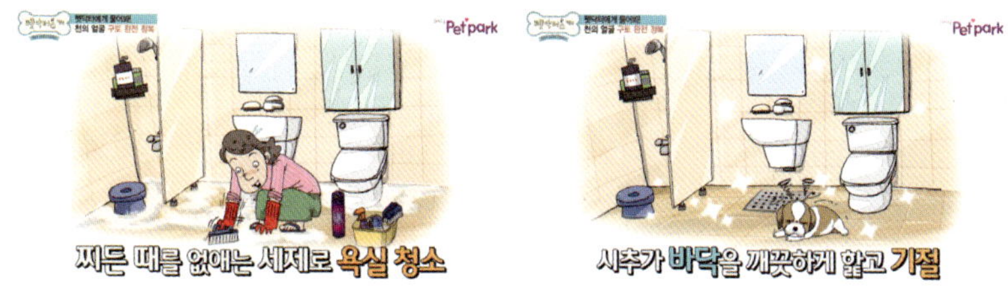

닭 뼈

이물질 때문에 내원한 반려동물이 가장 많이 먹은 것이 닭 뼈다. 반려동물 옆에서 치킨을 먹다가 하나씩 주거나, 다 먹고 남은 뼈다귀를 치우지 않고 그대로 방치해 반려견이

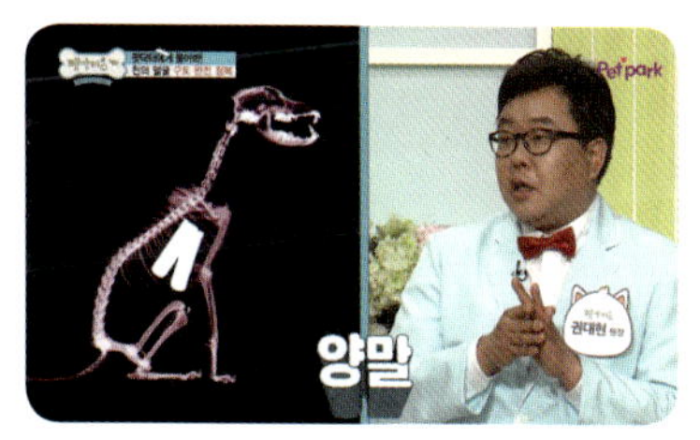

먹어 목에 걸려 잘못되는 경우가 많다. 반려동물에게 닭 뼈는 위험한 이물질이다. 절대 주어서는 안 된다. 크기가 큰 대형견은 심지어 양말, 스타킹, 가죽장갑, 수건까지 삼키는 경우도 있으니 집안 물건을 항상 깔끔하게 정리하고 반려동물이 먹지 않도록 신경 쓴다.

반려동물의 질병과 응급처치

구토를 보면
질병이 보인다

구토는 개와 고양이가 질병에 걸렸을 때 나타나는 가장 흔한 증상이다. 동물병원을 찾는 반려동물의 30% 이상이 구토 때문인데 그중에는 심각한 질병을 앓고 있는 경우도 많다. 구토 증세를 가볍게 생각해 그냥 넘기면 병을 키우게 될 수 있다. 다양한 구토 증세와 원인을 알아보자.

복부 운동이 동반되면서 노란색 액체가 넘어오는 것을 구토라고 한다. 먹은 걸 그대로 뱉어내는 것은 토출, 하얀색 거품을 뱉어내는 것은 가래, 가시 걸린 것처럼 '칵칵'거리면 기침이니 구토와 구분하자. 특히 고양이는 줄처럼 긴 물건을 삼켜 구토하기도 하는데 줄이 오랜 시간 장 속에 머무르면 장중첩이나 복막염을 일으킬 수 있으니 주의하자.

먹자마자 뱉는다

음식물이 위까지 내려가지 못하고 식도에서 바로 토하는 것을 '토출'이라고 한다. 보통 식도에 문제가 있는 경우에 발생하는데 어린 강아지라면 밥을 급하게 먹어, 소화되지 못한 음식물이 방금 먹은 밥을 밀어내면서 토하는 경우도 있다. 이럴 때는 넓은 접시에 사료를 퍼뜨려주면 급하게 먹는 것을 막을 수 있다. 또 밥그릇을 높이 올려놓으면 고개를 숙이지 않아 공기를 덜 들이켜게 되어 구토를 줄일 수 있다.

노란색 거품을 토한다

위가 비어 있는 상태에서 위액을 토해내는 공복성 구토의 증상이다. 식습관이나 식사 간격 등이 문제가 되어 생기는데 이 증상이 반복되면 위염으로 진행될 수 있으니 그 전에 치료를 받도록 한다.

진한 갈색 또는 녹색의 구토를 한다

십이지장에서 올라오는 구토물이면 담즙이 포함되어 진한 녹색을 띤다. 또 위출혈이 있을 경우에는 진한 갈색의 구토를 한다.

물만 먹어도 심하게 토한다

장에 이물질이 걸려 막힌 경우 물만 먹어도 아주 심하게 토한다. 이럴 때는 바로 병원에 가서 검진을 받아본다.

소화된 사료를 토한다

위에 문제가 있어 토하거나, 장협착이나 장폐색으로 장에서 음식물을 통과 시키지 못하는 경우 소화된 사료를 토한다.

열과 설사를 동반한다

바이러스에 감염되어 위와 장에 염증이 생긴 경우 구토와 함께 열이 나고 설사를 동반한다. 어린 강아지라면 기생충에 감염된 경우에 이런 증세가 나타난다.

심한 구취를 동반한다

구토와 함께 심한 냄새를 동반하면 신장 질환에 의한 요독증을 의심할 수 있다.

보통 음식을 잘못 먹었거나 이물을 먹어서 토하는 경우가 많은데, 밥을 너무 급하게 먹었다거나 밥을 먹고 곧바로 운동을 해도 토할 수 있다. 또 식사 간격이 너무 길거나 사료량이 적으면 공복성 구토를 하기도 한다. 그밖에는 전염병 때문에 토하거나, 간과 신장 기능 부전으로, 때론 멀미 때문에 토하기도 한다. 이 외에도 심한 흥분이나 통증, 공포로 스트레스를 받아도 토할 수 있다. 어쩌다 한 번은 괜찮지만 구토가 여러 번 반복되면 질병을 의심해봐야 한다.

🩺 동물도 멀미를 한다?

반려동물도 사람과 마찬가지로 멀미를 한다. 어지럼증이나 구토 증세를 보이고 멀미가 심한 반려동물은 차를 타기 전부터 불안해하고 흥분하기 시작한다. 멀미를 예방하려면 평소 집에서 크레이트(이동장)에 익숙해지도록 교육하자. 크레이트 교육이 잘 된 개는 크레이트에 들어가 있을 때 안정감을 느끼기 때문에, 그대로 차에 태워 이동하면 멀미를 예방할 수 있다. 또는 동물병원에서 반려동물 전용 멀미약을 처방받아도 된다. 최근의 반려동물 멀미약은 신경을 진정시키는 것이 아니라 구토 중추를 억제시키는 원리로 만들어져 안심하고 사용할 수 있다.

반려동물이 토하면 일단 엉덩이를 들어 구토가 기도로 넘어가지 않게 하고 토사물의 종류와 색, 냄새 등을 확인한 다음 다시 먹지 않도록 바로 치운다. 그리고 구강이나 기도에 이물질이 없는지 확인한다. 토하고 바로 물을 주면 두 배로 토하게 되므로 젖은 수건으로 입을 적셔주거나 얼음을 핥아 먹게 한다. 병원에 가서 수액을 맞히는 것도 좋다. 이물질을 삼켜서 토하는 것이 아니라면 구토는 빠른 시간 안에 멈추게 하는 것이 중요하다. 반복해서 토하면 병원에 데려가 항구토제 등을 처방받아 구토를 멈추게 해야 한다.

토한 뒤 12시간 정도 지켜보고 더 이상 증세가 없으면, 물을 준다. 이때 설탕물이나 꿀물은 탈수를 촉진할 수 있으니 그냥 맹물을 준다. 물을 먹고도 더 이상 토하지 않으면 소화가 잘 되는 유동식을 준다. 토하면 다량의 전해질과 위산, 수분이 함께 배출된다. 따라서 구토가 멈출 때까지 무작

토한 뒤에는 젖은 수건으로 입을 적셔 주거나 얼음을 핥아 먹게 한다. 또는 병원에서 수액을 맞히는 것도 좋다.

정 굶기는 것은 전해질 불균형을 초래하고 심각한 탈수 증세를 일으키는 원인이 된다.

 구토에 대한 잘못된 상식

구토에는 제산제가 도움이 된다?

제산제는 속이 쓰린 증상을 약간 막아주기는 하지만 구토에 직접적인 도움

펫 닥터스 Tip

토하면 바로 병원에 가야하나요?

병원에 바로 가야하는 경우
- 하루 3회 이상 구토를 한다.
- 구토 후 식욕이 없고 축 늘어져 있다.
- 구토에 피가 섞여 있다.
- 구토를 시도하지만 아무것도 나오지 않는다.
- 설사를 동반한다.

집에서 경과를 지켜봐도 되는 경우
- 하루 1번 구토. 연달아 2~3회 토해도 1회로 친다.
- 토하고도 멀쩡하고 식욕이 있다.
- 소화되지 않은 사료를 토했다.
- 이물을 먹었으나 대변으로 나왔다.

은 안 된다. 이물질을 먹었을 때 과산화수소로 구토를 유발하기도 하는데, 이는 매우 위험하다. 식도염을 유발하거나 구토물이 기도로 들어가 폐렴으로 진행되기도 하므로 꼭 수의사의 처치를 따르도록 한다.

고양이가 털을 토하는 것은 자연스러운 현상이다?

많은 보호자가 사료와 털이 뭉쳐서 나오는 헤어볼 구토를 정상이라고 생각하는데, 털은 장을 통해 변으로 배설해야 정상이다. 헤어볼을 토하면서 설사나 변비를 동반하면 반드시 병원에 가봐야 한다. 그리고 정상적인 상태에서는 헤어볼 구토를 하는 경우는 거의 없다. 염증성 장 질환이나 림프 종양 등 심각한 질병에 걸렸을 때 구토 증세가 나타날 수 있으니 주의하자.

구토 증세에 엑스레이 검사는 왜?

구토로 동물병원에 가면 엑스레이 검사나 초음파 검사를 권하기도 한다. 이것은 이물성 구토가 의심될 때 하는 검사이며, 엑스레이와 초음파로 각각 확인할 수 있는 이물질이 다르기 때문에 정확한 진단을 위해서 하는 것이다. 불필요한 검사를 줄이려면 보호자가 세심하게 관찰해서 그 내용을 수의사에게 전달해야 한다.

몸으로 표현하는
질병의 징후

말 못하는 반려동물의 질병을 알아차리는 것이 쉬운 일
은 아니다. 하지만 평소 행동이나 신체 변화를 수시로 살
피고 관심을 가지면 충분히 발견할 수 있다. 설마, 하고
지나치기 쉬운 사소한 행동이 질병의 신호일 수 있으니,
다양한 징후에 대해 알아보자. 몸으로 표현하는 그들의
신호를 읽어내는 것이 보호자의 역할이다.

개가 변을 보고 나서 미끄럼을 타는 것으로 항문낭을 제대로 짜주지 않았을 때 간지러움을 해소하기 위해 하는 행동이다. 항문낭이란 항문 주변에 있는 주머니 모양의 기관으로 주머니 속 액체가 오랜 시간 고여 있으면 항문낭염, 항문낭종 등의 질환이 생길 수 있다. 항문낭액을 제거하는 방법은, 엄지와 검지를 이용해 4시와 8시 방향으로 잡아 주머니가 잡히면 항문 위쪽으로 짜주면 된다. 양옆에서 누르지 말고 아래에서 위로 눌러 짠다. 이때 반드시 꼬리를 위로 당겨서 짜야 한다. 개와 달리 고양이에게는 항문낭 질환이 많이 발생하지 않아 정기적으로 관리해줄 필요가 없지만 간혹 항문낭염이 발생하는 경우도 있다.

얼음 땡 증상

'얼음 땡' 놀이를 할 때처럼 잘 걷다가 갑자기 멈춰서 10초 정도, 길게는 1분까지 갈듯 말듯 하는 동작을 취한다. 사람이 건드리면 언제 그랬냐는 듯 다시 걷는다. 이와 같은 얼음 땡 증상은 소뇌 쪽에 문제가 있는 것으로 일종의 '치매' 신호다. 이런 증상은 초기에 발견해 빨리 치료하는 것이 중요하며, 초기에 약물로 치료한다면 충분히 증상을 완화할 수 있다.

🐾 개다리춤 증상

걸음을 걸을 때 뒷다리가 개다리춤을 추는 듯, 약간 풀린 것 같은 모습을 보인다. 종종 이 모습을 재롱으로 여기는 보호자가 있는데, 이는 디스크 초기 증상일 가능성이 크다. 따라서 병원에 빨리 가서 조기에 진료를 받아야 치료할 수 있다. 이 증상을 지나쳐 최악의 상태가 되면 뒷다리의 신경이 손상되어 주저앉게 되는 경우도 있다. 디스크뿐만 아니라 대부분의 관절 질환은 통증을 유발하므로 순하던 개가 갑자기 보호자를 무는 경우에도 관절 질환에 의한 통증을 의심해볼 수 있다.

펫 닥터스 Tip

관절 질환 여부를 확인하는 간단한 방법

개를 테이블 위에 세워 놓고 옆에서 관찰한다. 앞다리는 직각, 뒷다리는 15도 정도 기울어져 있어야 정상이고 앞다리를 뒤로, 뒷다리를 앞으로 모으면 관절 질병이 있는 것이다.

🐾 눈 아래가 모기 물린 듯 부풀어 오르는 증상

눈이나 피부 문제가 아니라 치과 질환인 경우가 대부분이다. 동물들은 사람과 달리 어금니 뿌리가 눈 바로 아래에 있다. 따라서 뿌리가 썩으면 고름이 생기고 그 고름이 얼굴 쪽으로 터지면서 부어오르는 것이다. 치료 시기를 놓치면 피부에 구멍이 뚫려 고름이 나오는 경우도 있다. 아랫니에 문제가 생기면 턱 주변이 부어오르고 염증이 생긴다. 또 송곳니의 뿌리는 콧구멍 바로 아래에 있어서 코에서 고름이 나오면 송곳니 질환을 의심해봐야 한다.

🐾 설사 증상

구토와 설사는 여러 질병의 가장 흔한 증상이다. 특히 소화기·간·신장 질환이나 기생충에 감염됐을 때, 또 암컷의 경우에는 자궁축농증에 걸린 경우에도 구토와 설사를 하게 된다. 변의 양이 갑자기 많아지는 반면 횟수가 적으면 대부분 세균이나 바이러스에 의한 일시적인 소장성 설사고, 변의 양은 적지만 횟수가 잦으면 스트레스나 음식, 이물질에 의한 대장성 설사인 경우가 많다. 또 파보 장염이나 범백혈구 감소증에 걸리면 혈변을 보고, 장중첩증이면 악취가 심하게 나는 설사를 한다. 개의 소장 내에 사는 기생충(지알디아)에 감염돼도 설사를 한다. 설사의 원인은 매우 많기 때문에 냄새와 색깔을 모두 잘 관찰해야 한다.

평소에 잘 먹다가 갑자기 안 먹으면
무조건 좋지 않은 신호다. 반대로
평소보다 너무 잘 먹어도 질병에 걸
렸다는 신호. 예를 들어 당뇨에 걸
리면 먹어도 배가 고프기 때문에 식
욕이 늘게 된다.

탈모 증상

털이 전체적으로 고르게 빠지는 것은 정상적인 털갈이지만 비대칭적으로
광범위하게 빠지면 피부 자체의 질환인 경우가 많고, 대칭적으로 광범위하
게 빠지면 갑상선, 부신과 같은 호르몬 질환을, 또 부분마다 조금씩 빠지면
곰팡이와 세균 감염증을 의심할 수 있다.

빙글빙글 돌기 증상

짧은 반경으로 계속 돌고, 고개를 한쪽으로 기울여 뒤를 돌아보고, 정면에
서 봤을 때 눈동자가 위아래, 좌우, 혹은 원을 그리며 돌면 신경계 질환을

의심할 수 있다. 회전 반경이 크고 계속 벽에 부딪히면서 걷거나 벽을 따라 걷고 불러도 별다른 반응을 보이지 않으면 대뇌 쪽에 이상이 있는 것이다.

🐾 밤 산책을 싫어하는 증상

낮에는 잘 다니다가 밤에 나가는 걸 싫어하거나 밤에는 천천히 걷는다면 망막 위축에 의한 실명증을 의심할 수 있다.

🐾 고개가 한쪽으로 돌아가는 증상

중이염이나 내이염, 또는 뇌 질환에 의한 뇌 손상을 의심할 수 있다.

🐾 그 밖의 증상들

- 혀가 파래진다 – 심장병 초기 증상
- 입에서 화장실 오줌 냄새가 난다 – 신장 질환
- 안아주면 '깽' 하는 소리를 낸다 – 췌장염 또는 디스크
- 눈 흰자의 색이 노랗게 변한다 – 황달 증상으로 담낭염, 간염, 담낭파열 등을 의심할 수 있다.

- 사다리꼴 다리 증상 – 뒤에서 봤을 때 다리가 사다리꼴로 서 있으면 소뇌 쪽 염증 또는 종양을 의심할 수 있다.
- 윙크 – 눈이 부신 것처럼 눈을 감으면 눈에 이상이 있거나 안구건조증이 있는 것이다.
- 소리에 과민반응 – 신경계 질환을 의심할 수 있다. 특히 큰소리에 놀라 경련을 일으키면 꼭 신경계 검사를 받아야 한다.

🐾 고양이만의 질병 징후들

큰 소리로 울기 시작하면 시각이나 청각 등의 감각기관에 문제가 생긴 것일 수 있다. 입 주변을 제외한 다른 곳이 지저분해지면 관절염이나 구내염을 의심할 수 있다. 갑자기 그루밍을 하지 않는다  면 관절이 뻣뻣해져서 몸을 구부리기 힘들거나 입이 아프기 때문이다. 앞다리를 O자 모양으로 구부리고 입을 벌리고 앉아 있으면 호흡 곤란으로 매우 위급한 상태, 갑자기 사나워지거나 자신의 얼굴을 스스로 때리면 구강 내 통증이 심한 상태다. 코가 마르면 몸에 염증이 생긴 것으로 볼 수 있으며 눈 주변에 눈곱이 끼면 전염성 질환을 의심할 수 있다. 하악질을 하거나 그루밍을 심하게 하는 것도 질병의 징후이다.

반려동물에게 가장 흔한
피부병·귓병

최근 발표된 통계 자료에 의하면 동물병원을 찾는 반려동물의 22.4%가 피부병과 귓병 때문이라고 한다. 물론 피부병과 귓병이 '죽을 병'은 아니지만 조기에 치료하지 않으면 전신에 퍼지거나 만성화되기 쉽다. 또 눈에 보이는 단순한 피부 질환이 더 심각한 기저 질환의 징후일 수 있기 때문에 가볍게 넘기지 말고 반드시 수의사와 상담해야 한다.

개에게 가장 흔한 피부병 유형은 기생충이나 세균, 곰팡이에 감염되어 생기는 농피증, 말라세치아 감염증, 모낭충증, 사상균증이 있다. 두 번째 많은 유형은 과민성 피부병으로 알레르기나 아토피성 피부병이 이에 해당한다. 고양이에게 가장 흔한 피부병은 사상균 곰팡이에 의한 피부병이고 두 번째는 여드름이다. 곰팡이성 피부염은 탈모, 색소 침착, 가려움증 등을 유발하는데 다른 동물이나 사람에게 감염시킬 수 있기 때문에 조기에 치료해야 한다. 고양이 여드름은 주로 턱밑, 모낭에 피지가 많이 쌓여서 생기는데 세균이나 곰팡이에 2차 감염되면 장기적으로 치료를 받아야 한다. 고양이 여드름은 사료의 기름 성분이 턱에 묻어 생기는 경우가 많으므로 사료를 넓적한 접시에 담아서 고양이의 피부와 수염이 닿지 않게 해준다. 식기도 플라스틱보다는 도자기나 유리, 스테인리스 스틸을 사용하는 것이 좋다.

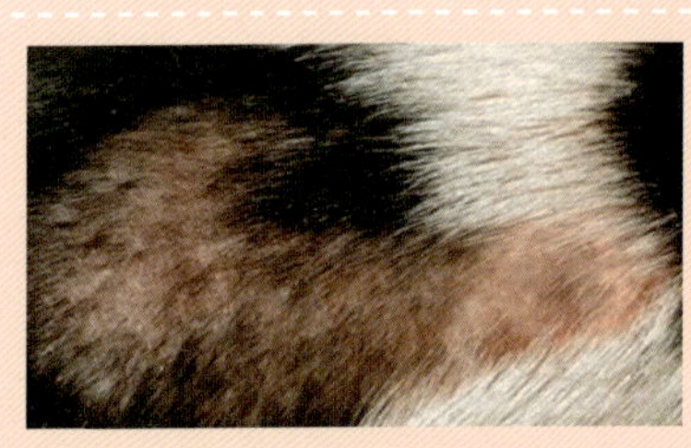

세균, 기생충으로 인한 감염성 피부병

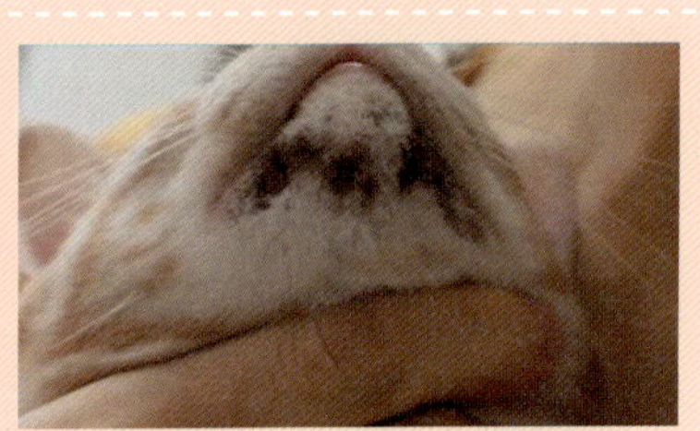

고양이 여드름은 주로 턱밑에 발생한다.

🐾 알레르기 물질을 제거하자

알레르기를 일으키는 물질

2014년에 발표된 알레르기 물질
에 대한 통계 자료를 보면 강아
지와 고양이에게 알레르기를 가
장 많이 일으키는 식이성 물질
은 맥주 효모다. 맥주 효모는 영
양분을 공급하기 위해 사료에 많
이 사용된다. 또 호흡기를 통해

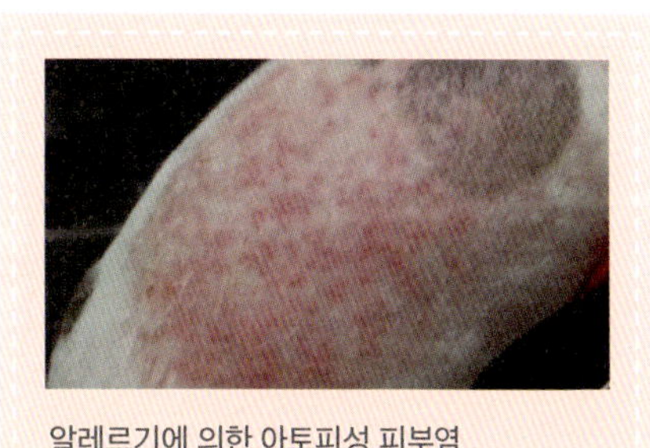
알레르기에 의한 아토피성 피부염

들어오는 집먼지진드기, 곰팡이 포도상구균, 꽃가루 등도 알레르기를 많이
일으킨다. 알레르기 증상은 알레르기 물질이 몸속에 들어오고 나서 바로
나타나기보다는 여러 알레르기 물질이 쌓이다가 몸이 저항할 수 있는 한계
를 넘는 순간 가려움증이나 피부 발적 등으로 나타나게 된다.

장의 면역력을 높이자

알레르기 피부병을 근본적으로 치료하려면 알레르기 물질을 생활환경에서
완전히 제거해야 한다. 그렇지만 사실상 불가능하기 때문에 한두 가지 물
질만 제한해서 증상을 완화할 수 있다. 즉 알레르기를 일으키는 음식을 제
거한 사료를 주고 환경을 깨끗이 유지하는 것이다. 오메가 3와 오메가 6 지
방산을 급여하고 항균·항진균 샴푸를 사용하는 것도 한 방법이다. 최근에
는 프로바이오틱스 유산균을 알레르기 치료제로 사용하고 있다. 장은 면역

계의 70%를 담당하기 때문에 유산균으로 장의 면역력을 높여 알레르기 증상을 치료하는 것이다. 실제 사람의 아토피 치료에 프로바이오틱스가 사용되고 있으며 동물들에게도 치료 효과가 검증되었다. 프로바이오틱스는 부작용이 강한 스테로이드 사용을 줄여주는 비교적 안전한 치료법이다.

아토피성 피부염을 진단하는 윌리엄스 진단 기준

아래 네 가지 중 세 가지 이상에 해당되면 아토피성 피부염으로 잠정 진단한다.

1 간식, 고기를 먹으면 눈과 항문이 붓고 가려워한다.

2 피부약을 계속 먹이는데도 약 먹을 때만 괜찮고 계속 재발한다.

3 반복적으로 양쪽 귀가 붓고 냄새가 난다.

4 발가락을 온종일 빨고 물고 있고 못하게 하면 화낸다.

펫 닥터스 Tip

반려동물의 피부병이 사람에게 옮을까?

반려동물과 사람의 피부는 매우 다르기 때문에 일부의 사상균증을 제외하고는 개의 세균이나 기생충으로 인한 피부병이 사람에게 옮을 위험은 거의 없다.

🐾 반려동물의 귓병 유형

개의 경우에는 피부병과 마찬가지로 세균, 말라세지아, 진드기로 인한 감염성이 가장 많고, 고양이는 진드기로 인한 감염성 귓병과 세균이나 말라세지아 감염에 의한 귓병을 많이 앓는다. 귓속 염증이 악화돼 귓구멍이 막히면 약이 들어가지 않고 청소도 못 하기 때문에 수술로 치료하는 수밖에 없다.

고양이보다 강아지한테 많은 귓병

개의 귓속은 ㄴ자 모양으로 외이도가 길고 꺾인 구조라서 귀지나 세균 배출이 어려워 귓병이 많이 생긴다. 이에 비해 고양이 귓속은 개와 비슷한 ㄴ자 모양이지만 분비샘의 수가 적고 외이도 길이 자체가 짧기 때문에 개보다 상대적으로 귓병을 덜 앓는다.

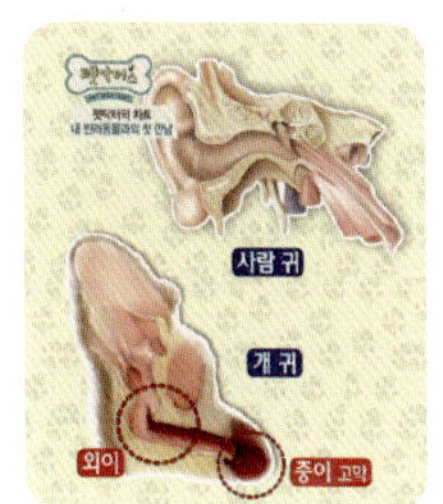

🐾 귓병의 증상과 신호를 알아차리자

반려동물에게 귓병이 생기면 다양한 증상과 변화가 생기며, 보호자는 이것을 빨리 알아차리고 치료를 받게 해야 한다. 생활 속에서 나타나는 증상을 기억해두자.

1 귀 뒤편을 많이 긁고 검은색 귀지가 나온다.

2 한쪽으로 고개를 기울이고 다니면 그쪽 귀에 문제가 있을 수 있다. 특히 중이염인 경우
  에는 전정 기관에 문제가 생겨 머리가 한쪽으로 틀어지거나 빙빙 돌기도 한다.

3 귀에서 악취가 나고 노란색 농이 나오면 세균성 외이염이다. 눈이나 코 등에 분비물이
  생기기도 한다.

4 귀 주변에 털이 뭉쳐 있거나 상처가 있으면 귀 질환 때문에 발로 긁어서 생긴 것일 수 있다.

5 통증이 심한 경우 귀를 만지면 으르렁거린다.

6 내이염이 양쪽 귀에 오면 절뚝거리기도 한다.

7 귓바퀴 안쪽에 열이 나는 듯하고 발적 증세를 보인다.

🐾 보호자의 잘못된 행동이 피부병과 귓병을 만든다

면봉 사용하기

강아지와 고양이의 귓속은 ㄴ자로 되어 있기 때문에 면봉으로 귀지를 제거
하려다 오히려 안으로 집어넣게 된다. 또 귓속 피부는 연약하기 때문에 면
봉으로 자극을 주면 염증이 쉽게 생길 수 있다. 따라서 면봉으로 귀를 파는
행동은 절대 하면 안 된다.

자주 씻기기

사람 피부는 각질층이 두껍고 5.5pH의 산성을 띠기 때문에 세균에 대한
저항성이 높다. 이에 반해 강아지나 고양이의 피부 각질층은 굉장히 얇고,

7.5pH의 중성이기 때문에 너무 자주 씻기면 각질층이 파괴되고 세균 감염이 쉽게 될 수 있다. 이와 같은 이유로 사람 샴푸를 동물에게 사용하면 피부가 다 망가질 수밖에 없다. 또 너무 자주 씻기면 원래 가지고 있던 피부 질환을 더 악화시키기도 한다. 산책할 때마다 발을 씻기면 발가락 사이의 습진을 절대 고칠 수 없다. 보호자들이 반려동물을 자주 목욕시키는 가장 큰 이유는 냄새가 많이 나기 때문이다. 냄새는 대부분 귀나 입속, 눈 주변에서 많이 나기 때문에 샴푸로 냄새를 가리기보다는 어떤 이유로 냄새가 나는지, 그 원인을 찾아서 없애는 것이 중요하다.

귀털 뽑기

귀털은 모래나 곤충 같은 이물질이 들어오지 못하게 막고 찬바람으로부터 귓속을 보호해준다. 사실 집 안에서만 살면 이런 기능이 필요 없지만, 미용을 위해 귀털을 마구 뽑게 되면 만성 귓병을 유발할 수 있다. 귀털이 염증을 덮고 있거나 귀털 때문에 분비물 배출이 안 되는 경우에는 병원에서 귀털을 제거해 치료한 다음 다시 자라도록 해야 한다.

🐾 피부병과 귓병을 예방하는 방법을 기억하자

산책이나 외출 후 관리하기

산책이나 외출 후에는 브러싱을 하고 발을 깨끗이 닦는다. 털이 오염되고 뭉치면 그 부위가 쉽게 감염되기 때문에 빗질을 잘해줘야 한다. 발은 물 없

이 사용하는 세정제로 씻거나 젖은 수건으로 닦은 뒤 드라이기 찬바람으로
바싹 말린다.

칼로리보다는 영양에 신경 쓴다

충분한 영양 섭취는 피부병 예방의 기본이다. 감염성 피부 질환은 대체로
면역력이 떨어졌을 때 발생한다. 영양분을 골고루 섭취해 면역력이 떨어지
지 않도록 신경 쓴다. 또한 스트레스를 줄이고, 나이가 들면 면역력을 높여
주는 영양제와 항산화제를 먹인다.

펫 닥터스 Tip

피부병이나 귓병이 잘 발생하는 품종

유전적으로 아토피 소견을 갖는 개는 전체 견종 중 약 21종이다. 요크셔 테리
어, 퍼그, 시추, 슈나우저, 코카 스파니엘, 보스톤 테리어 등. 특히 시추는 아토피 피부
병에 잘 걸려서 세균이나 말라세지아에 쉽게 감염되고 가려움증이 심해 긁으면 또 재
감염된다. 게다가 귀가 덮여 있고 작기 때문에 아토피로 인한 외이염이 자주 발생한
다. 코카 스파니엘도 시추와 마찬가지로 귀가 덮여 있고 귓속 털이 많으며 귀지선도
다른 품종에 비해 2~3배 많아서 귓병에 잘 걸린다. 푸들이나 비숑도 귀털이 빽빽하게
나 있어 귓병에 잘 걸린다. 고양이는 스코티시 폴드나 아메리칸 컬이 귀가 접혀 있어
귓병에 취약하다. 식이성 알레르기를 지니는 고양이의 절반 이상이 샴 혹은 샴 교잡종
이다.

물기를 없앤다

목욕 후에는 털을 최대한 바싹 말려준다. 특히 귀를 닦은 다음에는 드라이기 찬바람으로 귓속을 꼭 말려준다. 또한 겨울철에는 보습제를 사용해 너무 건조해지지 않도록 신경 쓴다.

규칙적으로 운동시킨다

자외선을 쬐면 살균 효과를 얻을 수 있다. 건강한 피부를 위해서는 꾸준한 실외 운동이 필요하다.

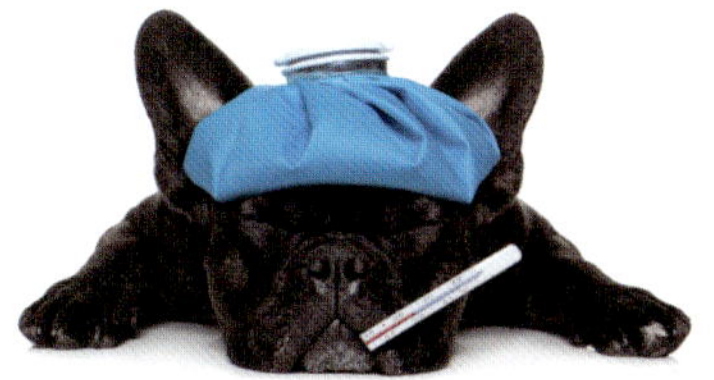

반려동물의
관절 질환

'모든 개는 운동선수다'라는 말이 있다. 시합이 시작되면 운동선수는 통증을 잊고 전력으로 움직이듯이 동물도 일단 흥분하면 통증이 있어도 티 내지 않는다. 그래서 더 악화되기 쉬운데 말 못하는 반려동물의 관절 질환을 예방하고 조기에 발견해 치료하려면 보호자가 평소에 주의 깊게 관찰해야 한다.

반려동물의 걸음걸이와 행동을 살펴보고 평소와 다른 모습이 보이면, 각 관절 부위를 손으로 만져 관절 상태를 확인해보자. 언덕이나 계단을 올라갈 때 뒤에서 뒷다리를 관찰하고 앞다리는 언덕이나 계단을 내려갈 때 앞에서 관찰한다. 다리가 안쪽으로 모아지거나, 물개다리처럼 바깥으로 벌어지거나, 토끼처럼 두 발을 모아서거나, 다리를 들었다 내렸다 반복하는지 확인한다. 이런 자세들은 관절 질환이 있을 때 나타나는 모습이다.

무릎 관절 부위를 만지면 작고 딱딱한 것이 만져지는데 이 부분이 바로 슬개골이다. 슬개골을 안쪽으로 밀었을 때 밀리는 느낌이 있으면 슬개골 탈구증이다. 또 관절 부위에서 '툭툭'거리는

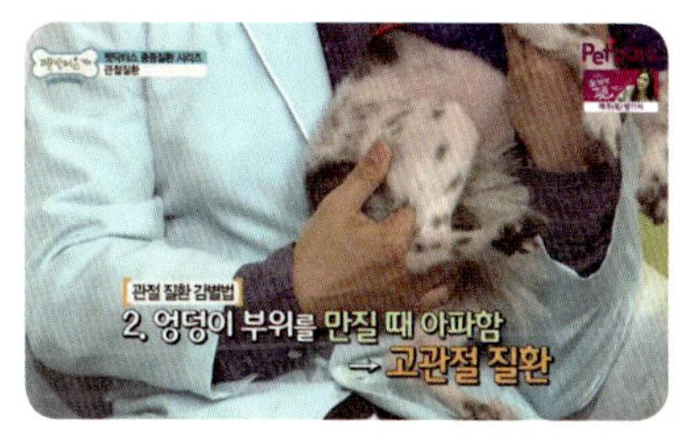

느낌이 나도 슬개골 탈구증을 의심할 수 있다. 옆으로 누워 있을 때 허벅지를 잡고 다리를 앞뒤로 움직여 보거나 원을 그려본다. 이때 통증을 느끼거나 평보보다 움직임이 덜하다면 고관절 이형성을 의심해볼 수 있다. 반려견을 안고 엉덩이를 살짝 들어보거나 만져봐서 아파하면 고관절 질환일 수 있다.

보통 한쪽 다리가 먼저 아프게 되면 그쪽 근육이 줄어든다. 그래서 양쪽 허벅지를 같은 정도의 힘을 주고 동시에 만졌을 때 한쪽 근육이 부족하다고 느껴지면 관절 질환을 의심해볼 수 있다. 발톱이 한쪽만 더 빨리 닳아도 관절에 이상이 있을 수 있다.

슬개골 탈구증

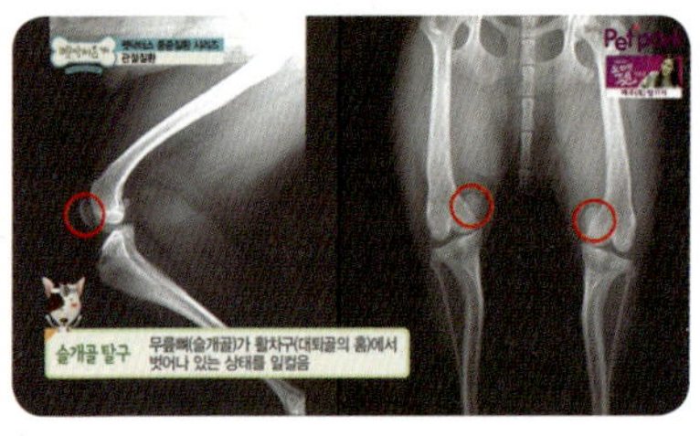

가장 흔한 관절 질환으로 무릎뼈(슬개골)가 활차구(대퇴골의 홈)에서 벗어나 있는 상태를 말한다. 몰티즈, 요크셔 테리어, 치와와, 포메라니안 등 10kg 이하의 소형견에게 피부병만큼 흔한 질환이다. 슬개골이 탈구되면 비둘기처럼 안짱다리로 걷고 아픈 다리를 모아서 껑충껑충 뛴다. 그리고 다리를 들었다 내렸다를 반복한다.

퇴행성관절염

관절을 둘러싸고 있는 연골이 지속해서 퇴행되며 염증이 생기는 질환이다. 12세 이상의 노령 고양이 60~90%가 퇴행성관절염을 앓는다. 다리를 움직일 때마다 큰 통증

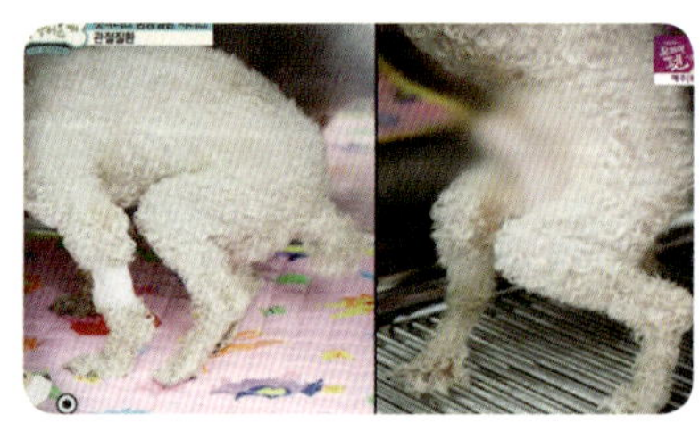

을 느끼게 된다. 움직이고 난 다음에 통증을 줄여주는 좋은 방법은 냉찜질을 해주는 것이고, 자기 전에는 온찜질을 해주면 좋다. 고양이는 개에 비해 운동을 많이 하지 않아서 관찰하기가 쉽지 않기 때문에 보호자가 평소에 유심히 살피는 것이 중요하다. 고양이가 갑자기 움직이지 않아서 살이 찌고 높은 곳에 못 올라가고 잠을 많이 자면 관절염일 가능성이 크다. 또 스

킨십에 예민한 반응을 보여도 관절염을 의심해볼 수 있다.

고관절 이형성증

고관절이 빠져 엉덩이가 딸각거리는
증상을 말한다. 저먼 세퍼트, 로트
와일러, 골든 레트리버에게 잘 생기
며 통증을 줄이기 위해 엉덩이를 실
룩거리며 걷는다.

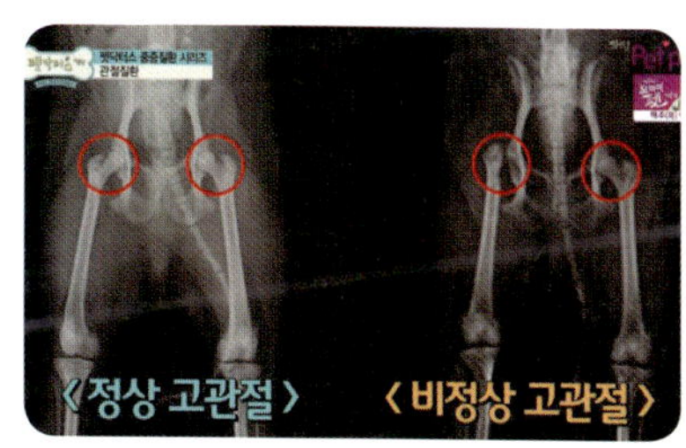

펫 닥터스 Tip

고양이 고소 낙하 증후군

고양이는 높은 곳을 무서워하
지 않아서 높은 곳에 있는 창틀이나 난
간 끝에서도 잘 걸어 다닌다. 그러다 나
비나 새를 보면 사냥감인 줄 알고 잡으
려고 뛰어내려 위험한 상황이 생기는 경
우가 많다. 하지만 이런 고양이의 특성을
오해해서 고양이는 높은 곳에서 떨어져

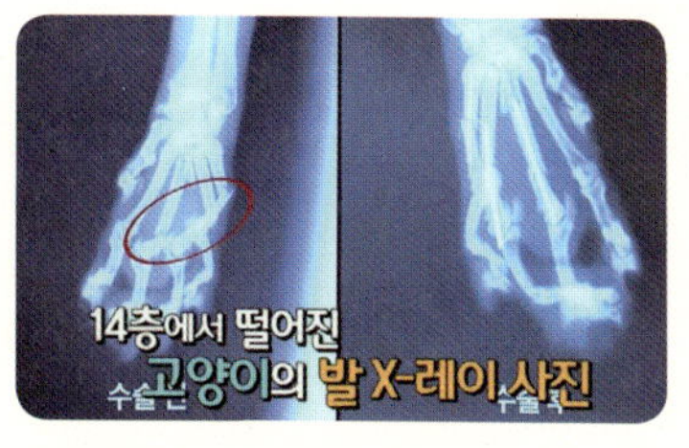

도 다치지 않는다고 잘못 생각하거나 심지어는 고양이를 일부러 높은 곳에서 던지는
사람이 있는데, 정말 위험한 행동이다. 고양이도 높은 곳에서 떨어지면 관절이 부러지
고 신체를 다칠 수 있다.

십자인대단열

80% 이상이 슬개골 탈구증과 같이 발생한다. 높은 곳에서 뛰어내리거나 계단을 뛰어오를 때의 충격으로 십자인대가 끊어지는 질환이다. 다리가 길고 운동량이 많은 로트와일러, 뉴펀들랜드 쉽독에서 많이 발생한다. 소형견 같은 경우에는 슬개골 탈구증에 의한 관절염이 진행되어 십자인대가 약해져 쉽게 파열된다.

🐾 관절 질환을 부르는 행동은 주의하자

두 발 서기

뒷다리가 ㅅ자 모양이 되도록 서 있는 것, 그리고 간식을 받아먹기 위해서 두 뒷다리로 뛰는 행동은 관절에 무리가 간다.

점프

관절에 체중의 몇 배나 되는 힘을 가하게 되는 점프 동작은 삼간다.

슬라이딩

실내 공놀이를 할 때 공을 받으려고 바닥에 미끄러지면 무릎이 순간적으로 하중을 받아 슬개골 탈구를 유발한다. 미끄러운 장판 위에서는 더더욱 금물이다.

경사 또는 계단 오르내리기

관절의 염증과 통증을 심화시킨다. 집에 높은 경사나 계단이 있다면 받침을 놓아 반려동물의 관절 부담을 덜어준다.

🐾 관절 질환, 이렇게 예방하자

반려동물용 신발은 신기지 않는다

시중에서 판매되고 있는 반려동물용 신발은 실제 동물의 발과 발가락에 맞춰 만드는 것이 아닌 악세서리 개념으로 발에 맞지 않는 신발을 오랜 시간 신기면 어정쩡한 자세로 걷게 돼 관절이 만성적으로 틀어진다.

높은 곳은 계단을 만들어준다

침대나 소파를 뛰어오르고 내리는 행동은 관절에 좋지 않다. 받침을 놓아 계단을 만들어준다.

체중을 관리한다

체중 부하가 관절에 지속적으로 가해지면 관절에 염증이 더욱 악화된다. 평소 적절한 체중을 유지한다.

흥분시키지 않는다

어릴 적부터 흥분 시 바로 진정시키는 교육을 하고 흥분에 반응하지 말아야 한다. 그래야 관절 건강을 해치는 점프를 하지 않는다.

발톱과 발바닥을 관리한다

실내견의 경우 항상 발톱을 짧게 유지하고 발바닥 털을 깎아 미끄러지지 않도록 한다. 발톱에 스토퍼를 끼워 미끄러지는 것을 방지할 수도 있다. 스토퍼는 동물병원에서 구입할 수 있다.

관절 건강에 좋은 마사지 해주기

1 반려동물을 등이 보이는 자세로 앉힌다.

2 척추 양옆의 근육을 시계방향으로, 반시계방향으로 돌리면서 마사지를 해준다.

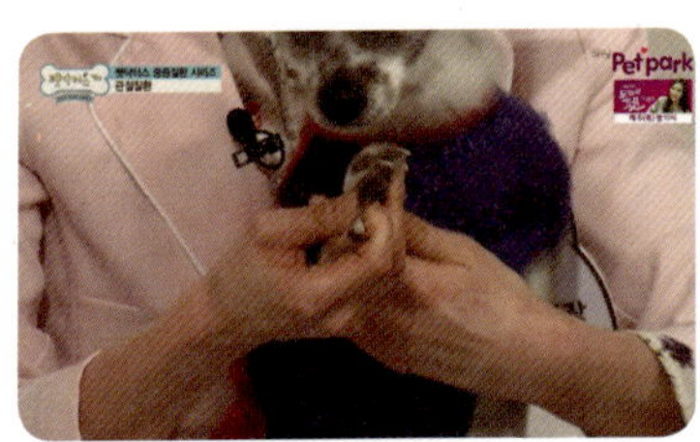

3 마지막으로 발가락 사이의 혈점을 눌러준다.

반려동물의
신장 질환

신장 질환은 조기에 발견하기도 어렵고 증상도 여러 질환에서 흔히 나타나는 것이어서 지나치기 쉽다. 하지만 고양이의 사망 원인 2위, 개의 사망 원인 3위를 차지할 정도로 반려동물들에게 위험한 질환이다. 신장 질환을 확인하는 방법부터 관리, 예방법까지 자세히 알아보자.

신장은 일부가 소실되면 남은 신장으로 그 기능을 보완하기 때문에 신장의 2/3가 망가져야만 각종 증상이 나타나기 시작한다. 그래서 신장을 '침묵의 장기'라고 부르는 것이다.

신장 질환은 급성과 만성으로 나뉜다. 급성은 약물이나 독소, 음식물에 의해 생기는데 소변이 나오지 않으면 수일 내에 사망하게 된다. 급성은 회복되는 경우가 많지만 만성으로 진행되면 회복하기가 힘들고 평생 약물 요법이나 식이 요법을 해야 한다. 신장의 75% 이상이 손상되면 신부전으로 발전하고 90% 이상 손상되면 체내의 노폐물을 배출하지 못하는 요독증으로 사망하게 된다. 간은 70%가 망가져도 잘 치료하면 재생되지만 신장은 한 번 망가지면 재생되지 않기 때문에 더욱 조심해야 한다.

🐾 신장 질환 초기 증상

신장 질환의 비교적 초기 단계인 2기에는 음수량 증가와 소변량 증가 정도만 나타난다. 사실 2기에만 발견해도, 치료 후 관리를 잘해주면 건강하게 살 수 있다. 하지만 말기에 발견하면 개는 최대 6~12개월, 고양이는 1~2년밖에 살지 못한다.

🐾 신장 질환 말기 증상

빈혈

잇몸이 분홍색이 아니고 창백하면 빈혈이다.

복부 통증

앞다리를 들어 올릴 때 아파하면 신장이 찌그러지면서 작아진 상태이다.

다뇨

신장이 재기능을 수행하지 못하고 수분을 모두 내보내는 것이다. 그래서 소변이 매우 묽다.

핍뇨

다뇨보다 더 위험한 증상이다. 만성신부전 말기가 되면 소변이 아예 안 만들어진다.

탈수

신장이 수분을 흡수하지 못하고 내보내서 탈수 증상이 나타난다.

식욕 부진과 체중 감소

식사를 제대로 못 하면서 체중이 급격히 줄어든다. 더불어 변비 증세도 함께 나타난다.

구토와 심한 구취

신장에 이상이 있어도 구토를 하며 심한 구취를 동반한다.

🐾 신장 질환의 다양한 원인

노화가 가장 큰 원인

신장 질환의 가장 큰 원인은 나이이다. 나이가 들면서 신장 기능도 점차 떨어지게 되고 더불어 각종 질환이 발생하는 것이다.

그 외에도 바이러스나 곰팡이, 세균 감염, 종양, 기생충, 자가면역질환, 창상 등 매우 다양하다.

유전적 소인

어릴 때 신장 질환이 생기면 대부분 유전적 소인 때문이다. 수컷보다 암컷이 어린 나이에 더 잘 걸리고 종에 따라 잘 걸리는 신장병이 다르다. 예를 들면, 신장이 포도송이 모양으로 변하는 다낭성 신장병은 불 테리어, 화이트 테리어, 웨스트 하일렌드에게, 신장이 작고 딱딱해지는 아밀로이드 침착증은 샤페이나 비글에게 잘 생긴다. 잉글리시 코카 스파니엘과 골든 리트리버는 유전적으로 만성신부전증에 잘 걸린다. 또 뱅갈 고양이도 유전적으로 신장 질환을 갖고 있고, 페르시안 고양이의 36%가 신장에 구멍이 뚫려 있는 다낭성 신장 질환을 갖고 있다.

렙토스피라증 감염

야생 짐승이나 들쥐의 소변을 통해
서 전파되는데 산책을 하다가 발바
닥에 이 균이 묻거나 또 냄새를 맡거
나 핥게 되면 감염된다. 대부분 증
상 없이 넘어가지만 일부의 경우에

는 발열, 오심, 구토, 심지어는 급성신부전을 일으켜 사망하게 된다. 북아
메리카에서는 급성신부전의 가장 큰 원인이 렙토스피라증이라고 한다. 렙
토스피라증은 햇빛에 약하므로 그늘이나 고여 있는 물을 조심하고 사람에
게도 옮을 수 있으니 꼭 예방접종을 해야 한다.

신장 질환을 유발하는 보호자의 행동

밖에서만 배뇨 활동을 하도록 훈련한다

자주 산책을 시키면 문제없지만 산책 시간이 불규칙해서 소변을 참게 되면
방광염이 생길 수 있다. 방광 염증이 요관을 통해 신장에도 영향을 줘서 신
우신염이나 신부전으로 발전될 수 있다.

포도와 건포도를 준다

포도는 반려견의 몸무게 1kg당 32g 이상을 먹으면 위험하고, 건포도는
1kg당 10g만 먹어도 치명적이다. 고양이에게는 백합이 위험하다. 백합 냄

새만 맡아도 위험할 수 있다는 보고가 있다.

치주 질환을 방치한다

치주 질환이 있으면 만성적으로 염증을 일으키는 세균과 세균의 부산물, 그리고 염증성 물질이 혈관을 타고 여러 장기에 영향을 미친다. 특히 신우 신염을 유발한다.

산책 후 깨끗이 닦아주지 않는다

진드기에게 물리면 라임병에 걸릴 수 있다. 처음에는 열이 약간 나고 피부에 반점이 생기다가 결국에는 뇌수막염이나 신장과 여러 장기에 염증을 일으킨다. 산책 후 발을 깨끗이 닦아주고, 빗질도 해주고, 매달 진드기 예방약을 접종한다.

물 대신 과일이나 간식을 먹인다

물 대신 과일이나 간식을 너무 많이 먹거나 영양제를 과하게 먹으면 나이

펫 닥터스 Tip

집안의 화초를 조심하세요!

화초에 주는 비료에 아주까리나 깻묵이 섞여 있으면 반려동물이 먹지 않도록 조심해야 한다. 아주까리에는 복어 독보다 훨씬 더 독한 리친이라는 성분이 들어 있다. 이 성분을 지속해서 먹으면 신부전까지 생길 수 있다.

가 들면서 신장에 결석이 생기는 경우가 많다. 그러면 결석으로 인해 신장 기능이 떨어져 신부전이 오게 된다.

신장 질환 예방법

깨끗한 물을 많이 먹인다

개가 하루에 먹는 음수량은 1kg당 60~90mL가 적당하다. 5kg이면 하루에 종이컵 2컵 정도의 물을 먹어야 한다. 고양이는 건식 사료를 먹으면 하루에 1kg당 70mL를, 습식 사료를 먹으면 하루에 1kg당 20mL의 물을 먹어야 적당하다.

먹는 음식에 신경 쓴다

염분이 있는 음식과 콩, 생채소, 과일, 동물성 지방은 주지 않는 것이 좋고 양질의 동물성 단백질 식품인 살코기, 달걀, 코티지치즈를 먹이는 것이 좋다. 또 인터넷에서 판매하는 원료나 제조 국가가 불분명한 불량 간식은 절대 주면 안 된다. 이 중에는 멜라닌이 포함된 것도 있다. 그리고 신장 질환이 있는 개에게는 유제품을 먹이지 않는다. 유제품에는 인이 많이 함유되어 있는데, 신장 질환이 있으면 인을 배출하지 못하기 때문이다. 오메가 3나 항산화제는 신부전 치료에 도움을 줄 수 있다.

반려동물의
암

세포가 돌연변이나 어떤 다른 이유로 유전자가 바뀌면서 제대로 기능하지 못하고, 죽지도 않으면서 계속 분화하고 성장하는 것이 암세포다. 구강암, 후두암, 식도암, 직장암, 폐암, 유방암, 자궁암 등 동물도 사람과 마찬가지로 다양한 암에 걸린다. 반려동물의 수명이 길어지면서 암 발병률도 높아지고 있어 10세 이상인 개의 50%가 암으로 사망한다. 반려동물에게도 무서운 암에 대해 자세히 알아보자.

유방암

중성화수술을 하지 않은 개 4마리 중 1마리가 유방암에 걸릴 정도로 발병률이 굉장히 높다. 여러 개의 유선(젖) 중에 하나에만 생기기도 하고 여러 유선에 생기기도 한다. 처음에는 양성이던 것이 악성으로 변하기도 하고 전이도 잘 되는 특징이 있다. 기본적으로 모든 유선의 조직 검사를 다 해보고 하나라도 악성 종양이라면 이에 맞는 치료를 받아야 한다. 평소 유두 주변에 멍울은 없는지, 유두 모양에 이상은 없는지 주기적으로 확인해야 한다.

임파선암

인체 내에 침입한 바이러스를 인식하고 면역 반응을 일으키는 임파선에 발생하는 암이다. 개에게 가장 흔한 암이며 이 중 18%가 악성이다. 대부분 6~7세인 개에게 많이 발병하고 견종으로는 순종 혈통의 박서, 골든 리트

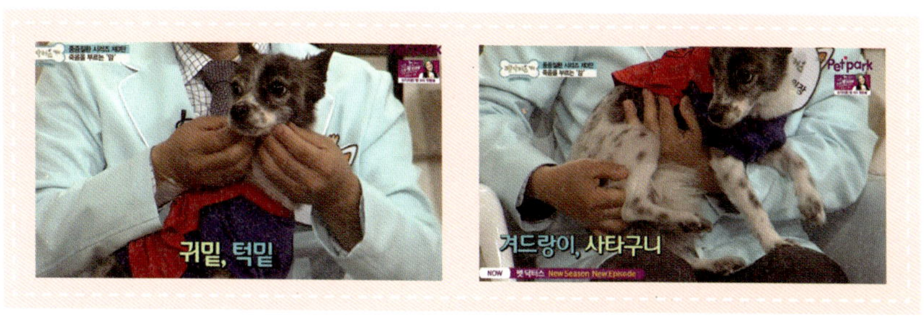

리버, 바셋 하운드, 세인트 버나르, 스코티시 테리어, 마스티프 등에게 잘
나타난다. 귀밑과 턱밑, 어깨뼈 앞쪽, 겨드랑이, 사타구니, 오금(무릎이 구부
러지는 오목한 안쪽 부분)에서 임파선을 만질 수 있는데 평소보다 큰 무엇인가
만져지면 빨리 병원에 가서 확인해봐야 한다. 임파선암을 예방하려면 평소
에 반려동물을 자주 만져보고 작은 변화라도 놓치지 말아야 한다. 다행히
조기에 발견하면 완치율이 높고 늦게 발견해도 치료를 잘 받으면 생존율이
높다.

피부암

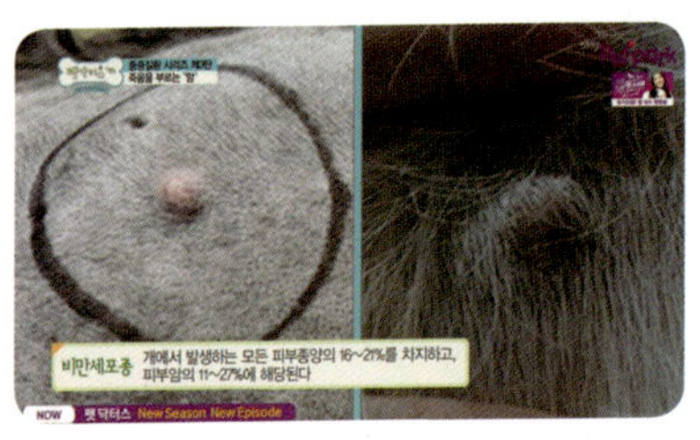

피부암 중에서도 비만 세포종이나 흑색종, 편평상피암종이 많이 발병한다. 비만 세포종은 피부에 생기는 뽀루지처럼 작게 시작되는 경우가 많아서 방치하기 쉬운데 매우 빠른 속도로 진행된다. 편평상피암종은 털이 하얗거나 없는 부위에 자외선을 계속 쐬었을 때 발생할 수 있는 종양이다. 개에게는 옆구리나 하복부 쪽, 발가락에 생기고 고양이에게는 귀끝이나 코끝, 구강에 잘 생긴다. 흰 고양이와 흰 털이 있는 고양이에게 색이 진한 고양이보다 5배나 많이 발생한다. 따라서 창가에서 햇볕 쬐기를 좋아하는 흰 고양이를 키운다면 자외선 차단 필터를 유리에 붙이면 어느 정도 예방에 도움이 된다.

식사

양질의 원료로 만든 사료를 먹여야 한다. 세포는 끊임없이 분열, 재생, 사멸하는데 이 과정에서 필요한 것이 음식을 통해 공급되는 에너지다. 또 노령 동물에게는 암세포 성장을 억제하는 오메가 3와 같은 항산화제를 먹이면 예방에 도움이 된다.

환경

스트레스를 최소화하는 환경을 만들어주는 것이 중요하다. 산책이나 놀이 환경을 만들어주고 자연광을 적정하게 쐬어주면 뇌하수체가 자극을 받으면서 면역계와 신경계, 내분비계 등이 활성화된다. 그리고 무엇보다 가

장 중요한 것은 금연이다. 특히 고양이는 그루밍을 하기 때문에 니코틴이나 타르가 털에 묻으면 그대로 흡입하게 된다. 그래서 보호자가 흡연을 하면 고양이의 림프종 발생률이 3배, 구강암은 5배가 높다. 그리고 닥스훈트, 그레이 하운드, 아프간 하운드 등 주둥이가 긴 반려견에게는 암 발생률이 250%나 높다는 연구 결과가 있다.

빠른 진단과 치료

작은 혹이 나면 그 모양에 상관없이 바로 병원에 가서 세포 검사를 받아봐야 한다. 암 진단을 받으면 많은 보호자가 해줄 것이 없다고 생각해서 포기부터 하는데, 비싼 항암 요법 외에도 많은 치료법으로 치료할 수 있으니 지레 포기하지 않아야 한다. 암 덩어리가 1cm 미만이면 완치를 목적으로 적극적인 치료를 시도해볼 수 있고, 완치 가능성도 크다. 암 덩어리가 2~3cm 정도라면 적극적인 치료와 수술, 항암치료를 병행하여 완치 가능성을 높일 수 있다. 암 덩어리가 3cm 이상일 때는 완치보다는 삶의 질을 유지하는 완화요법을 통해 생명 기간을 연장할 수 있다. 유방암, 난소암, 고환암 등이 나타나기 전에 중성화수술을 시키는 것도 효과적인 예방법이다.

🐾 암에 걸린 반려동물에게 필요한 영양분은 따로 있다

• 고농축 에너지 음식 – 특히 아주 조금씩 먹는 개라면 더더욱 고열량 음식을 먹여야 한다.

- 고지방 음식 – 암세포는 지방을 에너지원으로 쓰지 않는다.
- 적절한 단백질 음식 – 암 환자는 대부분 근육이 약하다. 신장이나 간 기능이 적절히 유지된다면 고단백질 음식을 섭취해도 좋다.
- 저탄수화물 식단 – 암세포는 포도당을 주 에너지원으로 사용하기 때문에 탄수화물을 자제하는 것이 중요하다.

암에 걸린 반려동물들의 실제 사례

잇몸에 암 덩어리가 자란 코카 스파니엘

아래턱 앞니 잇몸의 한쪽이 조그맣게 자라는 증상을 단순한 치주 질환으로 생각하고 방치했더니 6개월 만에 급속도로 커졌다. 밥을 먹을 수도, 입을 제대로 다물

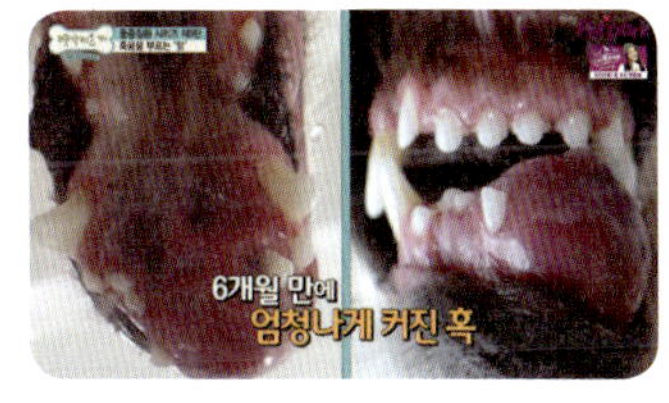

수도 없는 상태에서 조직 검사를 했고, 악성도가 굉장히 높은 암으로 판명났다. 결국 아래턱의 절반 정도를 절제했고, 수술 이후에는 통증도 없어지고 밥도 편안하게 먹을 수 있게 되었다.

목에 있던 혹이 입술과 볼까지 커진 12살 시츄

조직 검사 결과 피부에 생기는 림프종이었다. 먹는 항암제로 치료했더니 3주 만에 종양이 거의 다 사라졌다. 항암 치료라

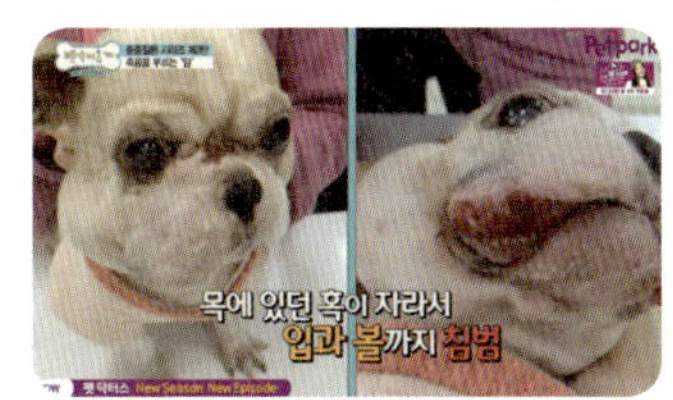

고 하면 사람의 항암 치료를 생각해서 처음부터 포기하는 경우가 많은데, 쉽게 치료되는 경우도 많다. 개의 항암 치료에서는 투여하는 약물의 양이 적어서 부작용도 매우 낮다.

소화기 임파선암에 걸린 12살 된 웰시코시

구토와 설사 증세로 내원했는데 검사 결과 소화 장기에 생기는 림프암이었다. 3개월이 지난 뒤 다른 웰시코시 2마리가 내원했는데 이번에는 피부에 생기는 림프암이었다. 놀랍게도 이 세 마리의 웰시코시는 각각 할머니, 엄마, 딸의 가족 관계였다. 이 사례를 통해 반려동물의 암에서도 유전력이 중요하다는 사실을 알 수 있다.

뇌 속에 암이 생긴 몰티즈

한 자리에서 빙글빙글 도는 증상을 보인 몰티즈는 MRI 촬영 결과 뇌하수체에 생긴 종양 때문이었다. 수술은 불가능하고 방사선 치료를 10번 정도 했더니 증세가 많이 나아졌다.

방사선 치료 실시후 많이 호전
방사선 치료 실시후 많이 호전
Pet park

반려동물을
위협하는 기생충

최근에는 기생충 감염률이 많이 낮아지기는 했지만 여전히 기생충은 반려동물에게 치명적이다. 반려동물에게 위험한 기생충의 종류와 증상, 관리 방법 등을 익혀 기생충에 의한 질병을 예방하자.

일명 '강아지 공장'이라 불리는 공장식 분만사에서 태어나 집단으로 사육되는 개들은 회충, 진드기, 원충 등에 감염되는 경우가 많다. 원충은 진드기에 기생하는 눈에 보이지 않는 작은 기생충이다. 고양이 역시 공장식 분만사나 길고양이 출신인 경우에 감염률이 높다. 그 외에도 산책 중에 풀숲에서 진드기나 개옴, 안충 등에 감염되고 매일 외출하는 고양이는 오염된 물을 먹어 지알디아에 감염되기도 한다. 모기로 인한 심장사상충 감염률은 여전히 높은 상태다.

공장식 분만사란?

산속이나 인적 드문 곳의 비닐하우스나 컨테이너 안에 철창을 층층이 쌓고 그 안에서 여러 마리의 개를 키우면서 강제적으로 호르몬 주사나 발정 주사를 놓아 1년에 3번씩 출산

을 하게끔 운영하는 곳으로 대개 불법이다. 여기에서 자라는 개들은 평생 햇빛을 못 보고 계속해서 호르몬 주사를 맞기 때문에 몸에는 종양 덩어리가 가득 차고 각종 염증과 눈 질병, 피부병으로 고생한다. 그 와중에 새끼를 계속해서 낳아야 하고 더 이상 새끼를 낳을 수 없으면 결국 고기로 팔려나간다. 이곳에서 태어난 새끼들은 애견숍으로 팔려나가는데, 어미가 기생충에 감염된 상태에서 임신하면 태반을 통해 새끼도 감염되고, 수유 중에

도 감염되기 때문에 이를 체크하지 않고 입양하면 많은 문제를 떠안을 수 있다. 공장식 분만사의 또 다른 문제점은, 새끼는 생후 8주까지는 어미와 같이 지내야 하는데 이곳에서는 4주만 되면 강제로 떼어내서 경매장으로 넘기기 때문에 어미로부터 받아야 하는 행동학적 교육이나 형제, 자매와의 관계에서 배우는 사회화 교육이 전혀 되어 있지 않다는 것이다. 따라서 상당히 예민하고 여러 가지 행동학적 문제를 일으키게 된다.

산책의 동반자, 진드기

개와 산책을 하고 오면 몸에 작은 참진드기가 붙어 있는 것을 자주 보게 된다. 대부분 진드기만 떼어내면 괜찮겠지, 생각하는데 진드기가 물면서 여러 가지 원충을 전파하기 때문에 주의해야 한다. 원충에 감염되면 처음에는 증상이 미미하지만, 점점 심각해져서 열이 나거나 빈혈이 오고 조기에 치료하지 못하면 결국 사망하게 된다. 따라서 보호자가 털에 붙은 진드기를 함부로 떼지 말고 반드시 병원에 데리고 가야 한다.

폐렴을 일으키는 심장사상충

모기에 의해 전파되며 28~30cm의 국수 가닥 같은 기생충이 심장과 폐에 걸쳐 기생한다. 폐렴을 일으키기 때문에 심장사상충에 감염되면 처음에는 기침을 한다. 그러다가 점점 움직이지 않고 운동을 안 하려고 하며, 그다음에는 배가 불러오기 시작하고 폐에 물이 차면서 숨을 못 쉬게 된다. 마지막에는 폐포들이 다 터지면서 피를 토하고 죽게 된다. 심장사상충은 감염률이 높고 굉장히 치명적이기 때문에 예방하는 것이 무엇보다 중요하다.

미국 심장사상충학회의 조사 결과에 따르면 알래스카 주를 제외한 미국 전
지역에서 심장사상충 감염이 발생했다고 한다. 이렇듯 심장사상충은 감염
률이 상당히 높고, 요즘에는 겨울에도 심장사상충의 매개체인 모기가 출현
하기 때문에 사계절 조심해야 한다. 물론 실내견도 모기에 물리면 감염될
수 있고, 한 마리가 감염되면 다른 개들도 90% 이상 감염될 수 있다. 또 고
양이 역시 안심할 수 없는데 고양이 몸속에서는 심장사상충이 유충 단계에
서 죽어버리지만, 유충이 죽으면서 폐 질환을 일으켜 고양이가 급사하기도
한다.

기생충 감염 증상을 기억하자

설사를 하는데 잘 먹는다

기생충은 숙주인 개나 고양이의 영양분을 섭취하는데 특히 몸길이가
8~13m인 십이지장충은 숙주의 장벽에 붙어 피를 빨아 먹기 때문에 개나

고양이는 늘 영양분이 부족하다고 느낀다.

항문 미끄럼 증상

엉덩이를 바닥에 끌고 다니는 항문 미끄럼 증상은 주로 항문낭액이 잘 배
출되지 않아 생기지만, 조충에 감염되었을 때도 이런 증상이 나타난다. 이
때는 분변 검사를 통해 감염 여부를 확인해야 한다.

고양이 잇몸이 창백하다

진드기 속에 사는 원충에 감염되면 악성 빈혈이 생겨 잇몸이 창백해진다.

고양이 꼬리에 탈모가 있다

어린 고양이 꼬리 끝에 털이 빠지면 귀에 진드기가 있을 가능성이 크다. 고
양이는 잘 때 꼬리를 귀 옆에 두고 자므로 귀의 진드기가 꼬리에 피부염을
일으켜 털이 빠질 수 있다.

🐾 기생충을 예방하는 생활 습관

산책 후 깨끗이 브러싱하고 발을 닦는다

다른 개의 분변이나 오염된 음식물 냄새를 맡다가 입에 들어가면 기생충에
감염되기 쉽다. 최근에 생태계 복원 작업이 많이 진행되면서 야생 너구리
의 개체 수가 늘었는데, 야생 너구리의 배설물에는 상당히 많은 양의 내부

기생충이 있기 때문에 이와 접촉하지 못
하도록 해야 한다. 목줄을 짧게 잡아 되
도록 이런 배설물을 만지지 못하도록 하
고, 산책 후에는 온몸을 브러싱하고 발
을 꼭 닦는다.

물과 음식을 조심한다

오래된 식수를 통해 지알디아 원충이 번식할 수 있다. 식수를 수시로 교체
해준다. 또 생채소나 생고기를 통해 기생충에 감염될 수 있으니 되도록 주
지 않는다.

주기적으로 기생충약을 사용한다

심장사상충 및 대부분의 내·외부 기생
충을 예방하기 위해서는 기생충약을 꼭
사용해야 한다. 기생충약은 한 달에 한
번 먹거나 바르는 형태로 사용할 수 있
고, 병원에서 1년에 한 번씩 주사제로

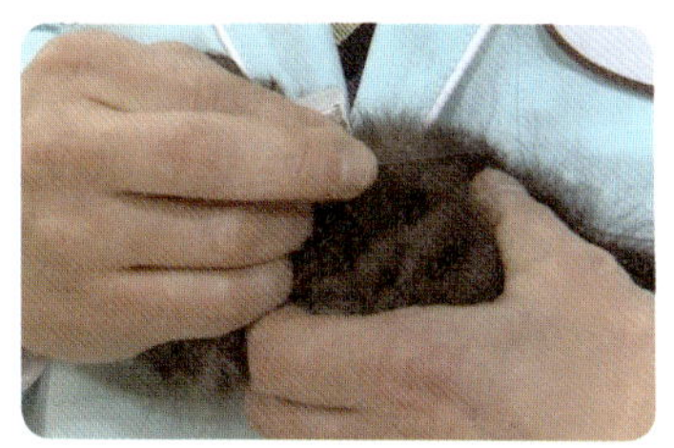

맞아도 된다. 특히 고양이는 약 먹이기가 힘들기 때문에 바르는 형태를 권
한다.

고양이 기생충이 임신부에게 위험하다?

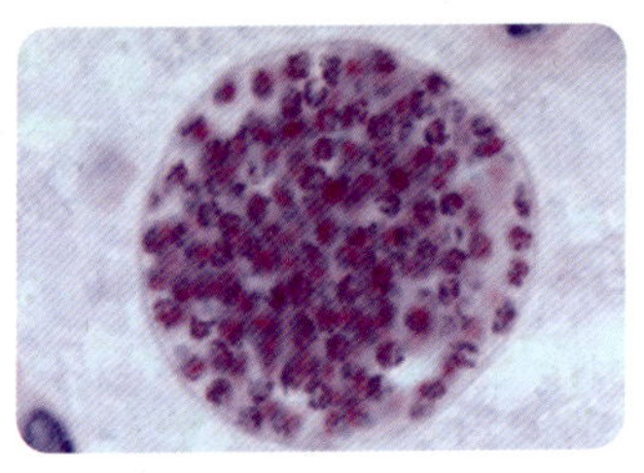

고양이 기생충 중에서 톡소플라즈마는 임신한 여성에게 사산이나 유산을 일으키기 때문에 위험한 것이 사실이다. 그렇지만 분변을 통해서만 감염되기 때문에 장갑을 끼고 변을 치우거나 다른 사람이 처리하면 크게 걱정하지 않아도 된다. 최근 20년 동안 톡소플라즈마가 태아에게 감염된 사례는 단 2건으로, 고양이 분변이 아닌 생채소와 생고기를 통해 감염된 것이다. 또한 고양이가 톡소플라즈마에 감염되려면 톡소플라즈마에 감염된 쥐를 잡아먹거나 톡소플라즈마에 감염된 고양이의 분변을 먹어야 하는데 이럴 가능성은 굉장히 낮다. 실제로 국내 감염률도 굉장히 낮다. 또한 아이들이 놀이터에서 놀다가 강아지나 고양이의 분변을 통해 기생충에 감염될 수 있다고 하는데 이 역시 가능하지만 그런 사례는 무척 드물다. 단, 놀이터 모래를 만지고 논 다음에는 반드시 손을 씻겨야 한다.

사람의 기생충약이 동물에게도 효과 있다?

효과 없다. 오히려 심각한 부작용을 일으키고 과용량을 먹이면 약물 중독 증상을 일으키기도 한다.

몸속에 사는 내부 기생충이 외부 기생충보다 위험하다?

내부 기생충보다 외부 기생충이 훨씬 더
위험하다. 내부 기생충은 쉽게 치료할 수
있고 몸을 크게 해치지 않지만, 외부 기생
충은 그 안에서 기생하는 원충이 적혈구
를 파괴하는 등 치명적인 해를 입힌다.

바르는 기생충 약 사용하기

1 약을 사용하기 전에 혈액, 분변 검사를 통
해 감염 여부를 확인해야 한다. 죽은 기생충이 체
내 장기에 남아 폐색이나 면역 반응을 일으켜 사
망하는 경우도 있기 때문이다.

2 기생충에 감염되지 않았다면 바르는 약을 목 뒤
에 발라준다. 약을 핥아버리면 약효가 반감되니까
핥기 힘든 목 뒤에 발라주는 것이 좋다. 약제가 흡
수되는 2~3시간 동안은 만지지 않도록 한다.

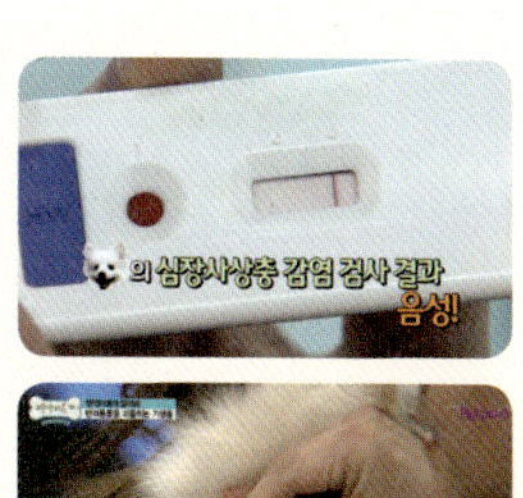

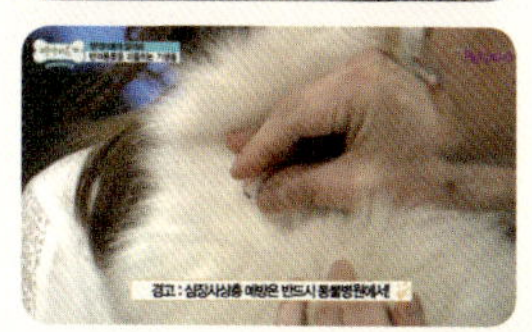

반려동물에게도
위험한 스트레스

사람에게 만병의 근원이 되는 스트레스는 반려동물에게
도 나쁜 영향을 준다. 보호자가 무심코 한 행동이 반려동
물에게 스트레스를 줄 수 있다고 하는데, 반려동물을 스
트레스 없이 건강하게 키우기 위한 방법을 알아보자.

🐾 반려동물은 언제 스트레스를 받을까?

개는 보통 보호자가 외출하거나 보호자와 소통이 부족할 때, 보호자나 환경이 바뀔 때, 운동이 부족하거나 질병에 시달릴 때 스트레스를 받는다. 고양이는 여러 마리의 고양이가 한집에 있을 때, 자신의 화장실이 정해져 있지 않을 때, 낯선 물건이나 사람이 집에 들어오면 스트레스를 받는다.

🐾 반려동물이 보내는 스트레스 신호

- 졸리지도 않은데 하품한다. 불안이나 걱정이 있을 때, 보호자가 야단치거나 상대에게 위협을 느낄 때 상대방의 시선을 분산시키기 위한 행동이다.
- 지속해서 앞발을 핥는다.
- 개 발바닥에 땀이 난다. 땀을 분비하는 에크린샘이 발에 있어 긴장하거나 스트레스를 받으면 땀이 분비된다. 이것이 지속되면 지감염이 생길 수 있다.

- 외부 소음에 크게 반응한다.
- 산책 중에 사람이나 동물을 보고 숨는다.

- 자신의 몸 만지는 것을 싫어한다.

- 병원에서 진료할 때에 혀를 날름거리거나 귀가 뒤로 넘어간다.

- 자기 꼬리를 잡으려고 빙글빙글 돈다.

🐾 스트레스로 생기는 반려동물의 질병

치주 질환

스트레스를 받으면 몸 구석구석을 핥는 경우가 많은데 이런 행동을 하면 털이 치아 사이 또는 치아와 잇몸 사이에 꽂히게 된다. 그러면 털을 통해 구강 내 세균들이 잇몸 안으로 들어가 치주 질환이 생긴다. 따라서 여기저기를 핥거나 깨무는 행동을 하면 반드시 앞 입술을 들어서 잇몸이 빨갛게 변하거나 부어 있는지 확인해야 한다.

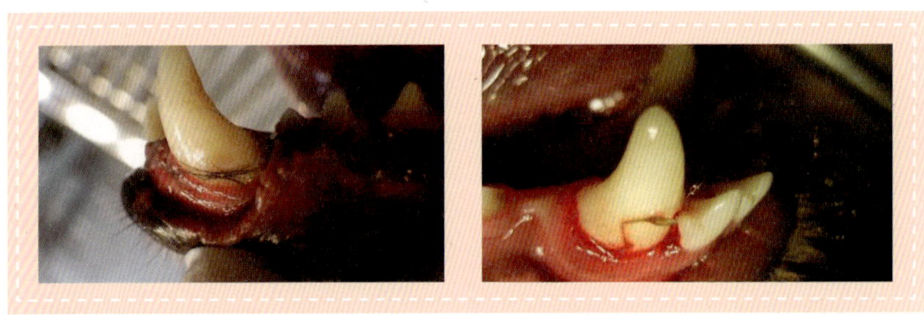

당뇨나 갑상선 질환

스트레스를 받으면 코티솔(급성 스트레스에 반응해 분비되는 호르몬으로 스트레스에 대항하는 신체에 필요한 에너지를 공급해준다)이 과도하게 분비돼 당 이용률을 바꾸거나 혈당을 높여 당뇨와 갑상선 발병률을 높인다.

우울증

사람에게 오는 우울증이 반려동물에게도 찾아온다. 스트레스를 많이 받으면 잘 먹지 않고 놀지도 않고 보호자가 와도 반기지 않는다. 몸에 이상이 없는데 이런 행동을 보인다면 우울증 초기일 가능성이 크다. 이런 우울증 증상이 보이면 약물로 치료할 수 있으니 조기에 병원에서 검진을 받아본다.

다양한 방법으로 스트레스를 해소시킨다

동물도 대화가 필요해

애착 형성의 기본이 되는 대화를 많이 해야 한다. 대화를 통해 반려동물의 신체적 변화와 건강 상태를 쉽게 파악할 수 있고 문제가 있는 경우에 조기에 치료할 수 있다.

적절한 사회화 교육

사회화 교육은 스트레스를 줄이고 마음의 병을 치료하는 백신이라고 할 수 있다. 사회화 교육은 어린 반려동물이 사람과 환경 등 세상의 모든 것과 친해질 수 있도록 돕는 일종의 세상 적응 훈련이다. 고양이는 생후 2~7주 사이에, 강아지는 3~14주 사이에 시켜야 한다.

매일 매일 산책

산책은 반려견의 정신 건강과 육체 건강을 지키는 아주 중요한 활동이다. 반려견들은 산책을 통해 스트레스를 해소하며, 보호자와 유대감을 높이고 정서적 안정을 유지하게 된다. 매일 빼먹지 않고 산책시키는 습관을 들이자.

고양이와 어항은 좋은 궁합

고양이는 움직이는 붕어를 보면서 스트레스를 해소한다. 창가에 캣타워를 놓아서 밖을 구경하게 하는 것도 좋다. 이런 환경을 만들어주면 보호자가 외출했을 때 고양이들이 스트레스를 덜 받게 된다.

개 전용 TV가 스트레스를 줄여줄까?

개를 혼자 두고 외출할 때 개 전용 TV를 틀어놓는 경우가 많다. 실제로 개 전용 TV는 개가 느끼는 밝기와 주파수, 소리를 내서 심리적인 안정감을 준다. 혼자 있을 때 스트레스를 받는 분리불안증이 있는 동물에게는 TV가 스트레스를 줄여주는 방법일 수 있지만 정상적인 동물에게는 장난감 등의 놀이 요소를 주는 것이 더 좋은 선택이다.

외출 시 간식을 주는 건 괜찮을까?

반려동물이 간식을 하나의 보상으로 인지하면 더 큰 보상을 원하는 경우가 생길 수 있기 때문에 간식으로 달래는 행동은 위험하다. 그렇지만 그 자리에서 바로 먹을 수 있는 간식이 아니라 오랜 시간 가지고 놀면서 빨아 먹을 수 있는 간식을 주는 것은 괜찮다.

펫 닥터스 Tip

반려동물 스트레스 없이 약 먹이기

반려동물에게 억지로 약을 먹이기란 쉽지 않은 일이다. 이럴 때는 시중에 나와 있는 포켓 간식을 활용해보자. 반려동물이 좋아하는 맛으로 만들어진 포켓 간식은 가운데가 비어 있어 그곳에 알약 또는 가루약을 넣어줄 수 있다.

반려동물을 구하는 응급처치

때를 가리지 않고 발생하는 반려동물의 응급 상황. 예전에는 교통사고나 다른 개에게 물려서 오는 외상 환자가 많았다면 최근에는 노령화에 따른 심장 질환이나 신부전으로 응급실을 가장 많이 찾는다고 한다. 다양한 응급 상황을 알아보고 각각에 맞는 처치 방법을 배워보자.

🐾 물리거나 찔려서 상처가 심한 경우

다른 개에게 물리거나 예리한 물건에 찔려서 상처가 났을 때는 소독약이 있다면 바로 소독을 한다. 하지만 소독약이 없을 때는 흐르는 수돗물로 상처 부위를 씻어 이빨에 붙어 있던 세균이 상처 속으로 침투하는 것을 막는다. 물리거나 찔려서 상처가 난 곳을 그대로 방치하면 염증이나 궤양을 일으킬 수 있다. 소독하거나 수돗물로 씻어낸 상처 부위의 내부 장기가 보이는 경우에는 마르지 않도록 수돗물 적신 거즈나 수건으로 덮어 병원으로 간다.

상처 부위에 피가 많이 날 때는

몸통 부위의 출혈이 심한 경우에는 꽉 묶어 지혈해도 되지만 팔, 다리 부위에 피가 날 때는 세게 묶으면 혈행 장애로 괴사될 위험이 크다. 지혈을 할 때에는 탄력성이 없는 천붕대보다는 탄력붕대로 느슨하게 감아주고, 붕대를 너무 오랜 시간 방치하면 더 위험할 수 있으니 빨리 진료를 받는다.

🐾 발톱이 부러진 경우

거즈나 손수건으로 발을 감싸고 통증이 심하지 않다면 손가락으로 압박을 해서 지혈하는 것도 좋다. 지혈이 되지 않으면 감염이 발생할 수 있으므로 바로 동물병원에 가서 치료를 받아야 한다.

개와 고양이는 무엇이든 주워 먹으려고 하기 때문에 늘 조심해야 한다. 작은 물건은 먹어도 대부분 변으로 나오기 때문에 크게 걱정할 필요는 없다. 그렇지만 갑자기 컥컥거리거나 구토를 하면 병원을 찾아야 한다. 특히 고양이는 혀에 돌기가 있어서 음식뿐만 아니라 이물질도 돌기에 걸려 꿀꺽 삼킬 수 있다. 고양이의 항문에 하얀 이물질이 보이면 잡아당겨서 빼려는 경우가 있는데 이물질이 긴 실이면 장이 중첩되거나 장에 구멍이 날 수 있기 때문에 반드시 병원에 가서 제거해야 한다.

목에 걸렸을 때

개의 경우는 보통 기도보다 식도에 이물질이 잘 걸린다. 개가 이물질을 삼켜 걸린 경우에는 사람에게 사용하는 하임리히법을 응용해서 응급 처치를 할 수 있다. 우선 머리를 45도 정도 아래로 향하게 하고 등을 5회 정도 압

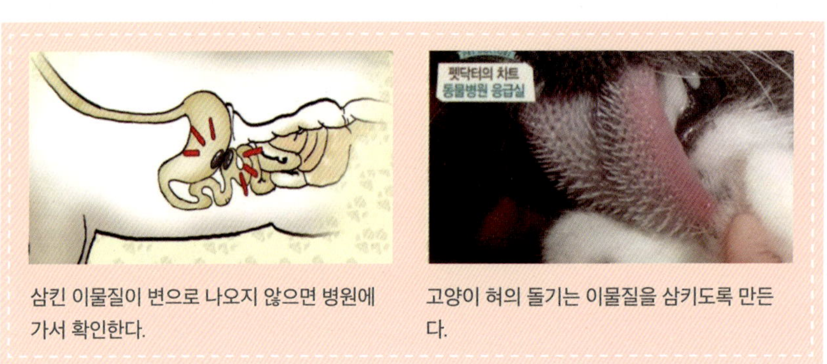

삼킨 이물질이 변으로 나오지 않으면 병원에 가서 확인한다.

고양이 혀의 돌기는 이물질을 삼키도록 만든다.

박한 다음 몸을 돌려서 배를 다시 5회 정도 압박한다. 이 과정을 반복하면서 병원으로 가야 한다.

사람 약을 먹었을 때

알약 1개는 성인 몸무게 40~60kg에 맞춰진 양이다. 3~4kg인 개에게는 1/2개라도 매우 치명적이어서 간 수치가 상승하고 위장 궤양이나 그 외의 소화기 증상이 나타난다. 타이레놀 같은 진통제는 150mg 이상(1/4알 이상) 먹이면 사망에 이르게 할 수도 있다. 고양이는 1/10만 먹어도 위험하다. 이상 증세가 나타나는지 주의 깊게 살피고 증상이 보이면 바로 병원에 가서 치료를 받는다.

발작, 경련을 일으키는 경우

몸을 마사지해주거나 혀를 깨물지 말라고 볼펜을 입속으로 꾸역꾸역 집어 넣는 사람도 있는데 아무 의미 없는 행동이다. 이때는 무엇보다 안구 압박을 해야 한다. 머리를 움켜쥐고 엄지로 눈을 지긋하게 눌러주는 것이다. 안구 압박은 발작, 경련 시 가장 유용한 처치 방법으로 빨리 안정시킬 수 있다. 가능한한 안정을 시키고 나서 병원에 가는 것이 좋지만, 안구를 눌러도 1분 이상 발작이 지속되면 발작이 진행 중이더라도 병원에 바로 데리고 간다.

높은 곳에서 떨어진 경우

보호자가 최대한 평정심을 유지하고 절대로 안고 뛰지 않아야 한다. 골절이 오거나 흉강이 다치거나 뇌진탕이 올 수 있기 때문이다. 또 머리와 부상 부위에 자극을 주고 부러진 갈비뼈가 폐에 구멍을 낼 수 있다. 개가 겁을 먹어 보호자를 물 수도 있다. 따라서 바닥이 평평한 이동장에 넣어 병원으로 안전하게 이동해야 한다.

그 밖의 응급 상황이 일어난 경우

화상을 입었을 때

바로 찬물로 씻어 내부까지 충분히 식힌 다음 멸균된 거즈로 감싸서 병원으로 간다.

펫 닥터스 Tip

세탁망 속에 고양이 넣기?

아파서 흥분한 고양이를 병원에 데려가야 할 때, 세탁망을 활용하자. 흥분한 상태 그대로 잡다가 보호자까지 다칠 수 있다. 고양이를 세탁망에 넣어서 병원까지 오면 안전하다. 세탁망 안에 넣은 채로 엑스레이를 찍고 마취 주사도 맞힌다.

감전 사고를 당했을 때

개나 고양이부터 꺼냈다가는 사람도 감전되므로 우선 고무장갑을 끼고 플러그를 먼저 뽑고 차단기 퓨즈를 내려야 한다.

뱀에 물렸을 때

뱀에 물린 경우 독소가 혈액을 따라 전신에 퍼져 사망할 수 있다. 물린 부위에서 심장에 가까운 쪽으로 탄력붕대 혹은 수건이나 옷으로 묶는다. 상처는 소독하거나 흐르는 수돗물로 씻어준다. 그리고 최대한 빨리 병원에 가야 한다.

🐾 기본 구급 용품을 갖추자

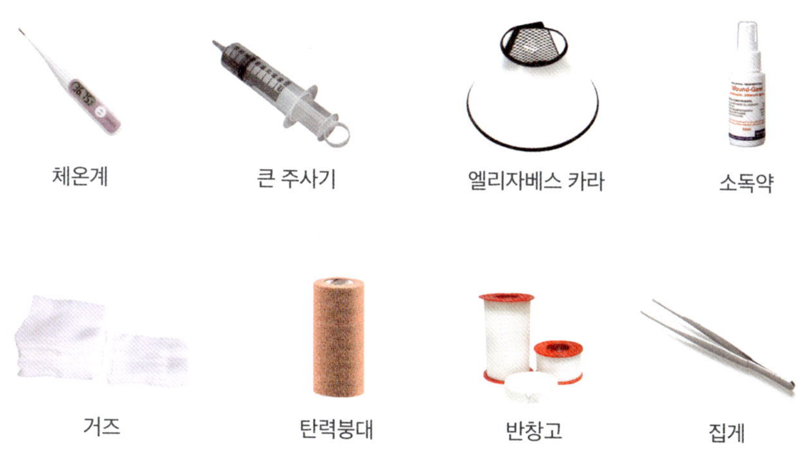

체온계	큰 주사기	엘리자베스 카라	소독약
거즈	탄력붕대	반창고	집게

반려동물이 갑자기 숨을 쉬지 않고 심장이 멈춘다면, 심폐소생술을 실시한다. 특히 심장병이 있는 반려동물을 키운다면 응급 상황에 대비해서 심폐소생술을 반드시 배워둔다.

심폐소생술 방법

1 입을 벌려 식도나 기도에 이물이 있는지 확인한다.

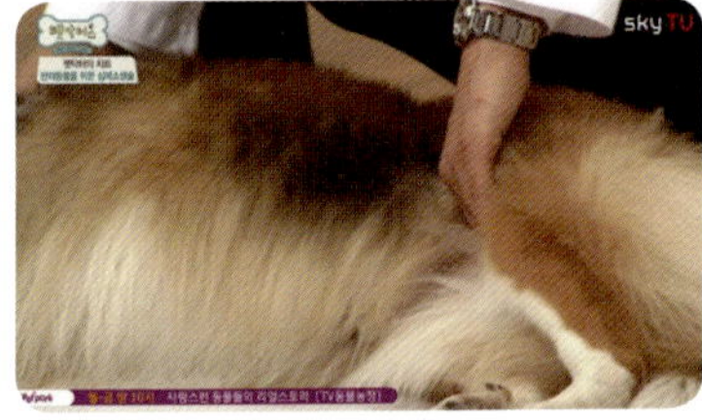

2 호흡 여부를 확인한다. 뒷다리 안쪽을 만져 맥박을 확인한다.

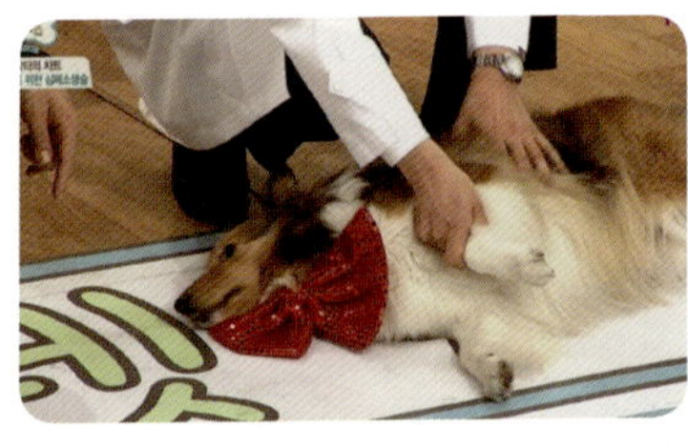

3 맥박이 만져지지 않으면 심장 위치를 찾는다. 앞다리를 구부렸을 때 팔꿈치가 닿는 위치가 심장이다.

4 소형견은 한 손을 사용해 3~4cm 정도의 깊이로 10~15회 마사지한다. 중형견 이상은 양손을 사용해 5~10cm 깊이로 마사지한다.

5 입을 막고 코에 바람을 불어 넣어 인
  공 호흡한다. 대형견은 입을 벌려 바
  람을 불어 넣는다.

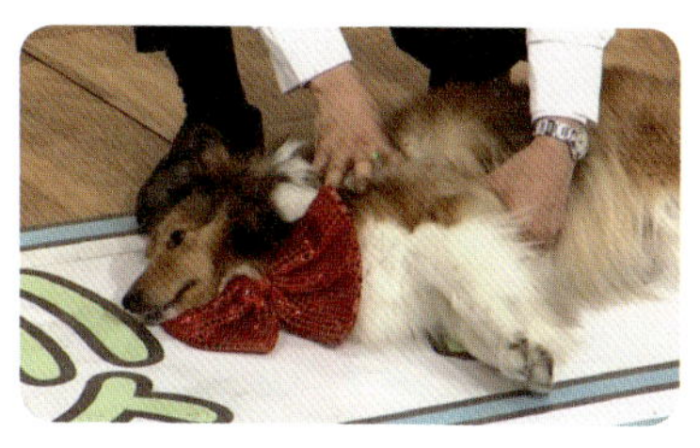

6 호흡이 돌아오는지 확인하고 안 돌아
  오면 다시 심장을 10~15회 압박하고
  코에 바람을 2번 정도 불어 넣는다. 이
  과정을 5세트 하고 병원에 데려간다.

반려동물 생활을 향상시켜주는 수술

필수는 아니지만, 반려동물의 생활을 향상시켜주는 수술이 있다.
어떤 수술이 있는지 살펴보고, 나의 반려동물에게 필요한 수술이 무엇인지 생각해보자.

유치 제거술

생후 4개월 정도 되면 영구치가 올라오기 시작하고 7~8개월이 되면 이갈이가 완전히 끝난다. 그런데 유치가 아직 있는 상태에서 영구치가 올라오면 영구치가 본연의 자리에서 벗어나게 되고 유치 역시 쉽게 빠지지 않게 된다. 또 유치와 영구치의 사이에 치석이 쌓이거나 이물질이 잘 껴서 잇몸병이 생기게 된다. 부정교합을 유발해서 뻐드렁니가 되거나 송곳니가 입천장을 뚫고 나오기도 한다. 따라서 생후 9개월 이전에는 유치를 모두 빼주는 것이 좋다. 송곳니를 제외한 모든 유치는 영구치 바깥쪽으로 나 있다. 그리고 아래 송곳니 유치는 안쪽으로, 위 송곳니는 유치 앞쪽으로 나 있다.

내안각 성형술

개가 눈물을 많이 흘리는 증상을 유루증이라고 한다. 유루증이면 보통 눈 밑이 벌겋게 착색되는데 눈물의 미네랄 성분이 산소와 결합해 산화되고 여

기에 세균이 들러붙어 그 독소에 의해 변색되는 것이다. 눈 밑이 변색되면 보기에 좋지 않고 냄새도 나지만 개들이 긁어서 눈에 상처를 입게 된다. 유루증의 원인에는 여러 가지가 있기 때문에 무조건 수술을 해주기보다는 그 원인을 찾아 해결하는 것이 중요하다. 우선 각막이 손상되었거나 결막염이 있을 때, 또 털이 안구를 지속적으로 찌르면 유루증이 생긴다. 또 비루관(눈물이 코로 배출되는 관으로 양쪽에 2개씩 모두 4개가 있다)이 막히거나 눈물이 잘 흘러내려 가지 않는 구조로 되어 있어도 생기는데 이 두 가지 경우에는 수술을 해야 한다. 유루증을 치료하기 위해 성형수술을 하기도 한다. 내안각 피부를 절제한 뒤 봉합해서 눈물이 흘러넘치는 것을 방지해주는 내안각 성형술이다. 다만 눈이 조금 작아지고 미간이 넓어진다는 단점이 있다.

반려동물의 성장과 출산·노화

반려동물의
성장 단계

반려동물의 성장은 사람보다 훨씬 빠르게 진행된다. 성년이 되어 찾아오는 발정기, 그리고 어느새 노년기를 맞이하는 모습을 발견하게 될 것이다. 때문에 반려동물의 빠른 성장을 주의 깊게 지켜보고 올바르게 대응하는 자세가 필요하다. 반려동물의 성장 단계와 특징을 자세히 알아보자.

어린 반려견이 완전히 성장하는 데에는 보통 2년이면 충분하다. 물론 견종마다 차이가 있지만 사람보다 8배 정도 빠른 속도로 성장한다고 볼 수 있다. 그만큼 수명도 사람보다 짧다. 보통 체구가 작은 소형견일수록 대형견보다 자라는 속도가 빠르며 아주 작은 초소형견은 1년이면 완전한 성견으로 자란다. 반려견은 크기에 따라 수명에도 차이를 보이는데, 몸무게가 많이 나가는 대형견일수록 수명이 짧은 것으로 나타났다. 소형견은 40% 정도가 10년 이상 사는 반면 대형견은 13% 정도만 10년을 넘긴다. 반려견의 평균 수명은 12~15년 정도이다.

🐾 반려견의 성장 단계별 특징

출생 ~ 2주	태어난 뒤 5~6일이 되면 귀가 먼저 들리게 된다. 1주가 지나면 배꼽에 남아 있던 탯줄이 떨어진다. 2주가 되면 젖니가 나기 시작하며 눈을 뜨고 조금씩 걷기 시작한다.
3 ~ 12주	'사회화기'라고 불리는 이 시기에는 주위 환경으로부터 다양한 것들을 자연스럽게 흡수하며 배우게 된다. 이 시기에 배운 것들이 반려견의 성격 형성에 큰 영향을 미치게 되므로 함께 많은 시간을 보내고, 다양한 활동으로 놀아주어야 한다. 배변 교육, 식사 등 생활에 필요한 작은 것부터 하나씩 교육시키는 시도가 필요하다.
3 ~ 5개월	몸도 크고 활동도 많아져 완전히 자란 것처럼 보이지만 아직 골격이 완성되지 않은 상태이다. 격렬한 운동이나 과도한 훈육은 피하는 것이 좋다.
6개월 ~ 1년	6개월 정도 되면 암컷은 발정기를 겪게 되고 수컷은 생식 능력이 생긴다. 성견과 비슷한 크기로 자라고 골격도 탄탄해지며 행동범위도 넓어진다. 체력과 힘이 좋아진 이때부터는 본격적인 훈련이 가능하므로, 다양한 사회화 교육을 시도해볼 수 있다.
2 ~ 6년	2년이 되면 몸도 마음도 완벽한 성년으로 자란다. 이때부터는 매년 검진을 받아 건강을 점검하는 것이 좋다.
7 ~ 13년	이 시기부터 노화가 시작되어 병치레가 많아진다. 무리한 운동이나 과한 활동은 피하고 노령견의 신체 변화나 행동 변화에 신경 쓴다. 백내장 등의 노화 현상을 발견하게 된다. 노령견 전용 사료를 먹이는 것이 좋다. 13년 이상의 반려견은 수명이 다할 시기이다.

고양이의 성장과정은 자묘기→ 성묘기 → 시니어기로 구분된다. 태어나서 부터 1년까지를 자묘기라고 부르며, 신체와 정신이 성장하는 기간이라고 할 수 있다. 1년간의 성장을 마친 이후부터는 체력과 정신이 안정된 상태인 성묘기에 접어든다. 성묘기는 1세부터 7세까지의 기간을 말하며, 7세 이후부터는 시니어기로 본다. 고양이는 삶의 절반 정도를 시니어기로 살아가며, 외모에는 큰 변화가 없지만 점차 체력이 떨어지기 시작한다.

반려동물의
출산 vs 중성화수술

반려동물의 임신과 출산에 대한 의학적 의견은 분분하다. 반려동물의 건강을 위해서는 되도록 출산을 하지 않는 것이 좋다는 의견도 있고, 모든 생명체에게 출산은 본능이자 축복이기 때문에 하는 것이 옳다는 의견도 있다. 다만 양쪽 모두에 공통된 사실은 임신과 출산은 몹시 어려운 일이라는 것이다. 반려동물의 임신과 출산을 원한다면 철저한 준비와 계획을 세워야 하고, 원하지 않는다면 중성화수술을 고려해야 한다. 반려동물의 임신과 출산, 그리고 중성화수술에 대해 자세히 알아보자.

소형견은 생후 7~10개월에, 대형견은 8~12개월에 생리를 시작하면서 발
정기가 찾아온다. 고양이는 생후 4~9개월에 첫 발정이 시작된다. 이때 바
로 임신이 가능한 것은 아니며, 개는 두 번째 생리 이후에, 고양이는 생후 1
년 이후에 시도할 수 있다. 암컷 개와 고양이에게는 폐경이 없다. 한번 발
정을 시작하면 중성화수술을 시키지 않는 한 평생 짝짓기를 하고 출산을
할 수 있다. 단 7세가 넘으면 출산율이 떨어지고 발정 시기가 조금 길어지
며 강도도 줄어든다.

🐾 성공적인 짝짓기를 위해서는?

반려동물도 사람처럼 짝을 고를까?

같은 개를 한번은 예쁘게 단장시키고 또 한번은
두 달간 방치시켜서 수컷이 어느 쪽을 선택하는
지 실험을 해보니, 모든 수컷이 예쁘게 단장한
암컷을 찾았다. 반대로 암컷도 경험 많고 능력
이 뛰어난 수컷을 선택하는 경향이 있는 것으로
나타났다. 또한 동물들은 서로 냄새를 맡는 과
정에서 질병을 찾아내 아픈 상대와는 절대 교배
하지 않는 습성이 있다.

알맞은 짝꿍 찾기

반려동물의 교배를 위해 짝을 고를 때는 상대가 좋은 자질을 갖추었는지, 유전적인 질병은 없는지, 현재 건강에는 이상이 없는지 꼼꼼히 확인해야 한다. 수컷이 너무 어리거나 교배 경험이 없는 경우에는 교배에 실패할 가능성이 있다. 태어난 지 1년이 넘고 교배 경험이 있는 상대 수컷이 좋다.

배란일을 확인해 교배 날짜를 정한다

개는 생리 시작일로부터 9일 정도 이후에 배란이 이뤄지므로 생리 시작일을 정확히 체크해야 한다. 배란이 이뤄지는 시기에 맞춰 교배를 시켜야 임신 가능성이 커지기 때문이다. 그렇지만 개체에 따라, 환경과 컨디션에 따라 배란일에 차이가 있을 수 있으므로 임신 성공률을 높이려면 동물병원에서 배란일 검사를 해보는 것이 좋다. 병원에서는 프로게스테론 농도를 측정하는 성호르몬검사나 질상피세포의 변화를 통한 질도말검사를 통해 배란일을 정확히 체크해준다. 그날에 맞춰 교배를 시도한다. 고양이 같은 경

펫 닥터스 Tip

자궁축농증

암컷 반려동물이 생리를 시작한 이후 2주 ~ 2개월 사이에 자궁축농증이 나타날 수 있다. 생리 후부터 침울해하거나 갑자기 물을 많이 먹고 소변 횟수가 잦아지면 자궁축농증일 가능성이 높다. 이럴 때에는 꼭 병원에 가서 검사를 받아봐야 한다.

우에는 교미에 의해 배란이 이뤄지므로 따로 배란일을 체크할 필요는 없다. 교배 후에는 착상이 잘 이뤄지도록 며칠간 심한 운동은 피하고 스트레스를 받지 않는 환경을 조성해주는 것이 좋다.

짝짓기 전 충분한 영양을 공급한다

짝짓기 날을 정했다면 조용하고 집중할 수 있는 공간을 마련한 뒤 서로 친해질 수 있도록 시간을 준다. 다만 서로 관심을 주지 않거나, 거부하는 반응을 보인다면 절대 억지로 교배시키지 말고 하루 이틀의 간격을 두고 재시도 한다. 암컷이 짝짓기 과정에 불안감을 보인다면 곁에서 안정시켜주는 것도 좋다.

초음파 검사로 임신 여부를 확인한다

임신 여부를 확인하는 가장 좋은 방법은 교배한 지 3주 후에 병원에 찾아가 초음파 검사를 통해 확인하는 것이다. 임신이 확인되면 영양이 부족하지 않도록 음식에 특히 신경 쓰고 사료도 자견용, 자묘용으로 교체하는 것이 좋다. 반려견의 임신 기간은 두 달 정도로 그 날짜가 짧은 만큼 집중해서 신경 쓰고 관리해줘야 한다. 반려견의 건강상태를 수시로 확인하고 음식과 잠자리를 잘 챙겨주며, 다른 동물과의 접촉에 주의한다. 분만 전에 미리 검진을 받아 새끼의 상태와 마릿수 등을 확인하고 난산이나 제왕절개 가능성을 점검한다.

분만 2~3주 전부터 출산 공간을 마련해 그곳에 적응하도록 한다. 반려견과 새끼들이 누워서 생활할 수 있을 정도의 크기에 어둑하며 소음이 적고 따뜻한 곳으로 정한다. 큰 종이상자를 준비해 분만실을 만들 수도 있다.

분만실 만들기

1 큰 종이상자를 준비해 드나드는 문을 만든다.

2 부드러운 담요를 깔아준다.

3 좋아하는 간식을 넣어 안정적인 공간임을 인식시킨다.

4 보호자가 관찰할 수 있도록 박스 위에 창을 낸다.

수시로 분만 징후를 체크한다

출산 시기가 다가오면 매일 아침, 저녁으로 체온을 잰다. 갑자기 체온이 1℃ 정도 떨어지면 보통 24시간 내에 분만을 하게 된다. 외음부가 생리 때처럼 부어오르고, 불안해하며 방바닥을 마구 긁는다. 배를 만져보면 자궁 수축이 일어나 딱딱하게 굳어져 있고 분만을 위한 수축 운동으로 숨이 가빠지거나 몸을 떨기도 한다. 힘을 주며 뒷다리를 뻗으면 분만 직전 단계이다.

난산이 찾아오면 바로 조치를 취한다

분만을 위해 힘을 주기 시작해서 2~3시간 동안 새끼를 낳지 못하면 난산이다. 새끼는 보이지 않는데 진한 녹색 분비물이 보이는 경우에는 자궁에서 태반이 떨어져 굉장히 위험한 상태다. 첫째가 태어나고 2시간이 지나도록 둘째가 나오지 않으면 위험한 상황이 될 수 있으므로 바로 동물병원에 문의해서 적절한 조치를 해줘야 한다. 늦은 시간 분만하는 경우를 대비해 24시간 진료하는 동물병원을 알아둔다.

탯줄을 잘라줘야 할까?

보통은 어미가 탯줄을 잘 뜯어주지만 특별한 경우를 대비해 소독한 가위와 실을 준비해 탯줄을 잘라준다.

탯줄 자르는 방법

1 배꼽에서 1cm 정도 되는 부분을 실로 묶는다.

2 묶은 부분에서 1cm 바깥을 가위로 자른다.

3 자른 부위를 알코올로 소독한다.

출산은 어미와 새끼 모두에게 행복한 축복이다. 그
렇지만 편안한 어미 뱃속에서 나와 이제 막 세상을
만난 새끼 강아지는 낯선 환경에서 큰 스트레스를
받을 수밖에 없다. 가능한 한 조용하고 어두운 곳에
서 어미와 편안하게 지낼 수 있는 공간을 마련해줘야
한다. 새끼가 태어나면 어미가 태막과 양수를 혀로 핥아서 닦아준다. 만약
어미가 새끼를 돌보기 어려운 상황이라면 깨끗한 수건으로 새끼를 조심스
럽게 닦아주고 어미 품으로 옮겨주는 것이 좋다.

반려동물을 키우는 사람이라면 누구나 하는 고민, 중성화수술. 중성화수술
은 꼭 필요할까? 대다수의 수의사들은 이 질문에 '그렇다'고 답한다. 자연
의 섭리를 거스른다는 점에서 중성화수술을 반대하는 사람도 있지만 반려

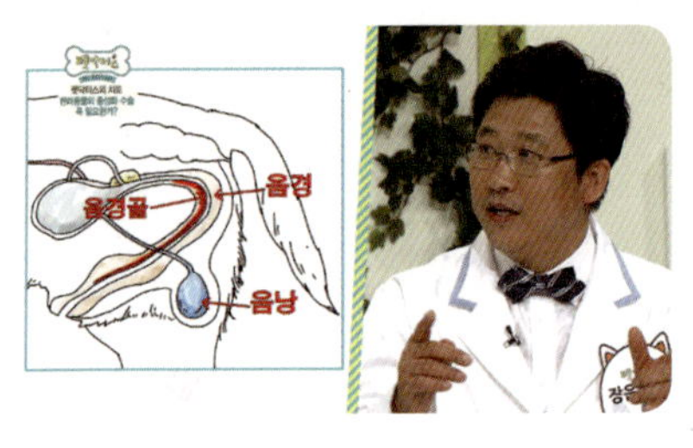

동물을 야생이 아닌, 사람의 공간
에서 키우기 위해서는 필요하다는
것이 전문가의 의견이다.
중성화수술이란 수컷의 경우에는
고환을 제거하고, 암컷의 경우에는

자궁과 난소를 적출해서 성호르몬 분비를 막아 임신과 출산이 불가능하게 만드는 것을 의미한다. 수술 시기는 보통 생후 6~9개월 정도인데 수컷의 경우 너무 이른 시기에 수술을 하면 음경골이 제대로 발육되지 않을 수 있기 때문에 10개월 이후에 하는 것이 보통이다. 암컷은 질병 예방을 위해 첫 생리를 하기 전에 시킬 필요가 있다.

중성화수술이 필요한 5가지 이유

반려동물 장수의 비결

중성화수술의 가장 큰 목적은 반려동물의 질병을 줄여 오랫동안 건강하게 살 수 있도록 하는 것이다. 예전에는 개와 고양이의 수명이 10년을 넘지 못했지만 이제는 10년 이상을 사는 경우도 많아졌다. 하지만 그만큼 질병에 걸릴 가능성도 커졌다. 중성화수술을 하지 않은 암컷의 경우 에스트로겐과

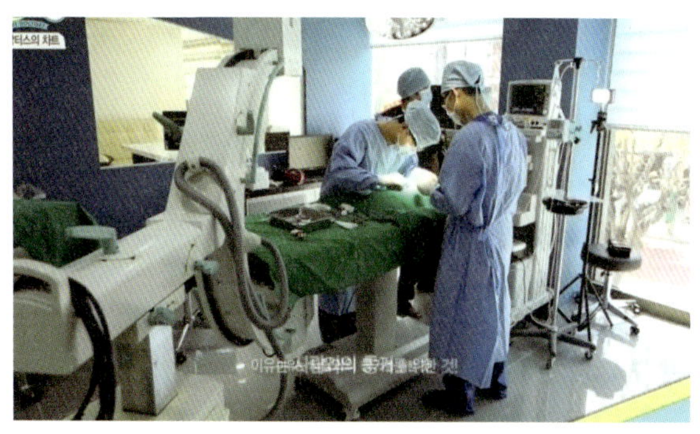

프로게스테론 같은 성호르몬의 영향으로 많은 질병에 걸리게 된다. 중성화된 암컷보다 중성화되지 않은 암컷이 유선종양에 걸릴 확률이 7배 이상 높다. 유선종양의 경우 개의 약 50%, 고양이의 60% 이상이 악성으로 나타나며 치료보다 예방이 더 중요하다. 그뿐만 아니라 난소에는 물혹과 종양이, 자궁에는 자궁축농증, 자궁점액증, 자궁수종증 등이 발생한다. 이런 심각한 질병을 막기 위해서 암컷에게 특히 중성화수술이 권장된다. 그리고 수컷 중에서 잠복고환을 가졌을 때 정상 고환인 경우보다 종양 발생률이 13.6배나 높기 때문에 잠복고환인 경우에는 반드시 중성화수술을 해야 한다.

불안감과 고통 해소

개와 고양이는 발정기가 되면 심한 불안감과 고통을 느낀다. 암컷 개는 6~7개월 단위로 발정기가 오는데 에스트로겐이 나오고 한 달이 지나면 무조건 임신 호르몬이 분비되기 때문에 정도의 차이는 있지만 임신 여부와 상관없이 일정 기간 임신한 것과 똑같은 증상을 겪게 된다. 고양이는 굉장히 불안해하며 발톱에 피가 나도록 문을 긁기도 하고, 몸이 아파서 울기도 한다. 이런 불안과 고통을 교배 행위를 통해 해소하는 것이다. 암컷 개와 고양이는 평생 발정을 하기 때문에 이런 불안감과 고통을 평생 겪을 수도 있다. 따라서 중성화수술을 통해 발정기에 일어나는 고통을 없애주는 것이다.

발정기마다 나타나는 다양한 행동과 버릇, 가출, 생리혈 등의 증상은 사람과 반려동물의 안정된 생활을 방해하고 실내 생활에도 문제를 일으킨다. 특히 고양이 같은 경우는 발정기 때 냄새가 많이 나고 울음소리가 심해지며, 밖으로 나가려고 시도하다가 문이 닫혀 있으면 발톱이 빠지도록 문을 긁는 경우까지 있다. 수컷 개도 공격성이 높아지고, 영역 표시를 하려고 하며, 예민해져서 가출을 시도하기도 한다. 이러한 다양한 문제점들을 없애기 위해서 중성화수술이 필요하다.

개체수 통제

중성화수술 없이 모든 반려동물이 새끼를 갖는다면 개 1마리가 6년 후에는 약 6만7천 마리로, 고양이 1마리는 7년 후에 약 42만 마리로 늘어날 수 있

다. 또한 고양이는 자외선을 10시간 이상 쬐면 저절로 발정 호르몬이 분비된다. 해가 길어지는 봄이 되면 여기저기에서 고양이 우는 소리를 자주 들을 수 있는 이유도 이 때문이다. 실내에서 키우는 고양이는 형광등의 자외선을 받아 겨울에도 발정 호르몬이 분비된다. 배란 시기도 따로 없고 교미 자극만 있으면 바로 배란이 이뤄질 뿐만 아니라 중복 임신도 가능하다. 이렇게 번식 능력이 높은 고양이의 개체수를 통제하기 위해서도 중성화수술을 권하는 것이다. 반려동물의 개체수를 조절하는 것은 사람과 동물이 함께 살기 좋은 환경을 만들기 위해서이다.

단점보다 큰 장점

중성화수술이 모든 경우에 있어서 이롭기만 한 것은 아니다. 중성화수술은 골육종, 방광의 이행상피암종, 전립선 종양 등의 발생 빈도를 높이고, 호르몬질환을 유발하거나 수컷 고양이의 경우 하부요로기증후군과 같은 질병

펫 닥터스 Tip

병원마다 중성화수술비가 다른 이유는?

중성화수술은 복잡하고 어려운 수술로, 기본적으로 비쌀 수밖에 없다. 암컷 같은 경우에는 개복 수술인 만큼 비용이 더 들어간다. 그런데 병원마다 수술비가 달라 보호자들이 혼란스러운 경우가 많다. 이는 마취 전 위험도를 낮추기 위해 실시하는 검사의 종류에 따라, 마취 방법과 마취 중 모니터링의 정도에 따라, 수술 후 처치 방법(입원, 진통제 처방 등)에 따라 비용이 달라지기 때문이다.

의 발생률을 높이게 된다. 또한 중성화수술 이후 체중이 불어나 비만이 되
는 경우도 있다. 그렇지만 이런 질환의 발생률은 대체로 낮은 반면, 수술을
하지 않았을 때 발생하는 자궁질환이나 유선종양의 비율은 매우 높다. 또
한 중성화가 주는 행동학적, 사회적 이점이 더 크기 때문에 대부분의 수의
사들이 중성화를 추천한다.

반려동물의
노화와 장수 비법

과학의 발달로 반려견의 수명도 점점 늘어나 이제는 평균 수명이 12~15년이 되었다. 그만큼 노령 반려동물도 늘어나고 있다는 뜻이다. 사람도 나이가 들면 노화 현상이 나타나듯 반려동물에게도 피할 수 없는 노화가 찾아온다. 갓난아기 같던 반려동물이 어느새 나보다 늙어, 신체 활동이 급격히 줄어들고 신경 기능도 떨어지며 모든 의욕이 사라진 듯 어눌해 보인다. 하지만 그럴수록 옆에서 더욱 세심히 신경 써준다면 반려동물의 노화 시계는 얼마든지 늦출 수 있다. 사랑하는 반려동물과 마지막까지 건강하고 행복하게 오래오래 살기 위한 장수 비법을 알아보자.

신체 노화

대형견은 6살, 소형견은 8살 정도부터 노화가 나타난다. 사람도 흰머리가 나고 주름이 생기듯 동물들도 외모에 변화가 나타나는데, 짙은 색이던 털이 바래거나 하얗게 변하고 숱도 적어지

며 윤기도 점점 사라진다. 피부에도 검버섯이나 크고 작은 종양들이 생기고 눈에도 백내장이 생기거나 핵경화가 나타난다. 이때 수정체가 혼탁해지는 백내장은 치료할 수 있지만 수정체가 딱딱해지는 핵경화는 노화로 인한 변화이기 때문에 치료할 수 없다. 평소에 눈에 좋은 영양제를 먹여서 예방하는 방법이 최선이다. 다행히 노령성 핵경화는 시력과 무관해서 그냥 뿌옇게 보일 뿐이다. 또 입에서 악취가 나고 딱딱한 것을 씹지 못하게 된다. 활동량이 70% 이하로 감소하거나 다리를 절룩거리는 증상, 특히 쉬고 있다가 움직일 때 파행을 보이는 경우라면 퇴행성관절염을 의심해야 한다.

신경 노화

신체적 변화 외에 눈에 보이지 않는 변화도 있다. 노화가 시작되면 일단 행동이 느려지고 잠자는 시간이 늘어난다. 식욕도 떨어져 식사량이 줄어들며 산책이나 놀이에 흥미가 떨어진다. 또한 인지기능장애(치매)가 오는 경우도 많다. 대소변을 실수하는 빈도가 잦아지거나 가족에 대한 애착과 관심이 줄

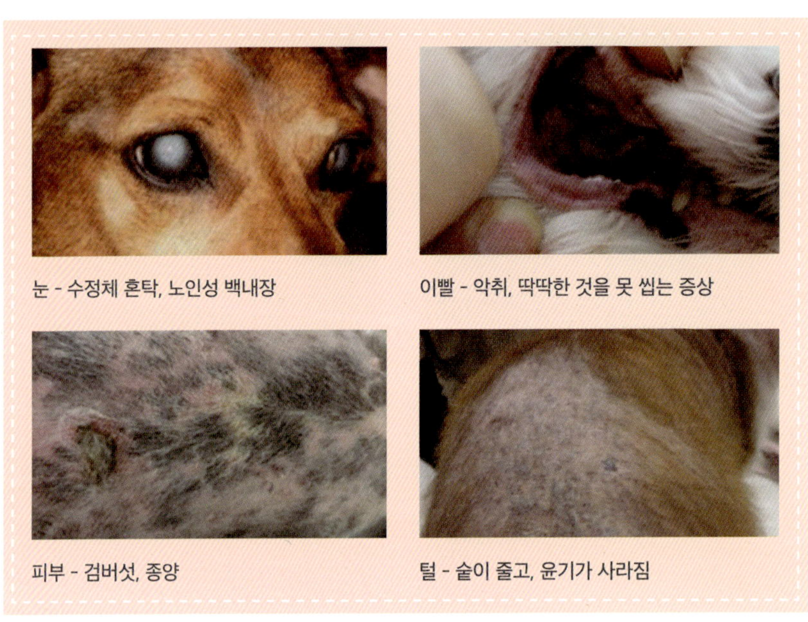

어들고 이상 행동을 보인다면 인지기능장애를 의심해볼 수 있다. 청각 기능도 약해져 이름을 불러도 알아듣지 못하거나 소리에 대한 반응이 둔해진다.

🐾 노령 반려동물의 3대 질병

암

노령견의 사망 원인 1위는 암이다. 가장 흔한 유선종양(유방암)부터 피부암, 혈액암, 간암, 폐암, 림프종 등 다양한 암이 생긴다. 피부암의 경우 단순한 종기로 시작되어 전신으로 전이되는 경우도 많다. 암은 조기 발견이 매우 중요하므로 노화가 진행되는 연령이 되면 정기적인 건강검진으로 암을 체크하자. 암이 발견되면 외과적 제거술이나 항암제를 이용한 화학요법을 통해 치료한다. 최근에는 사람처럼 방사선요법을 이용하기도 한다.

심장병

노령견에게는 심장 내 판막이 손상되어 심장 내에서 혈액 흐름이 역류하는 판막 질환이 가장 흔하고, 고양이에게는 비대성심근증이 가장 흔하게 발견된다. 심장병은 진행성 질환으로 이미 증상이 나타나면 말기인 경우가 많다. 그렇지만 조기에 발견하면 오랜 기간 증상 없이 지낼 수 있고 병의 진행 속도를 늦출 수 있다. 심장병의 초기 증상에는 운동불내성(조금만 운동해도 쉽게 지치는 증상)과 운동 후나 흥분 시 기침하는 것이 있다.

신부전

평소 주기적으로 건강 검진을 받아도 조기에 발견해내기 어려운 질병이 신부전이다. 신장 조직의 75% 이상이 손상된 후에야 혈액 검사로 알 수 있다. 따라서 반려동물의 신부전을 최대한 빨리 발견하기 위해서는 노화 증세가 보이면 바로 혈액 검사를 받고 이와 더불어 영상진단 검사와 소변 검사도 같이 받아야 한다. 그리고 평소에 소변의 양을 잘 살펴봐야 한다. 소변량이 늘어나기 시작하면(다뇨기) 신장의 70% 정도가 손상됐다는 신호다. 집에서 알 수 있는 신부전의 조기 증상은 음수량의 증가, 소변량의 증가, 소변 색이 묽고 투명한 색으로 변하는 것 등이 있다.

따뜻한 잠자리

나이가 들수록 체온 조절 능력이 떨어지기 때문에 잠자리를 따뜻하게 해주는 것이 좋다. 페트병에 뜨거운 물을 담아서 담요나 수건으로 말아주면 좋다. 핫팩이나 탕파를 활용해도 된다.

관절 보호

무리하게 소파나 침대 위로 뛰어오르지 않게 쿠션 같은 것으로 계단을 만들어준다. 밥그릇과 물그릇도 잠자리 근처로 옮겨 움직임을 줄여준다.

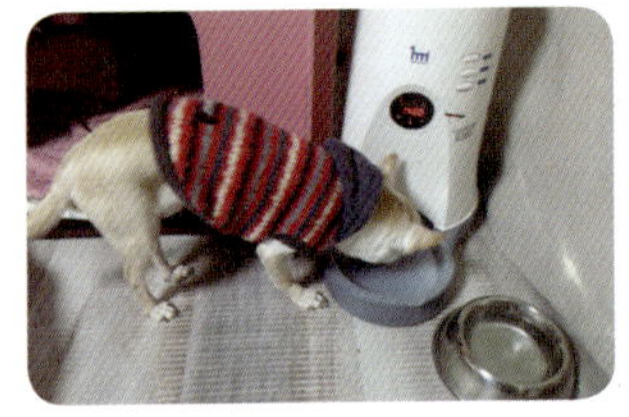

손톱 관리 & 그루밍 관리

고양이 같은 경우에는 손톱을 다듬거나 그루밍도 하기가 힘들어진다. 보호자가 손톱을 손질해주고 빗질도 자주 해준다.

음수량, 식사량, 배뇨량, 체중 변화, 체온 변화, 활동량 체크

동물들은 아프다고 말하지 않기 때문에 행동 변화에 주목해야 한다. 통증이 있으면 활동량과 식욕이 줄고 호르몬질환 같은 대사성 질환에 걸리면 음수량과 식사량이 늘거나 줄어서 체중 변화도 나타나게 된다. 평소 활동량이 50% 이하로 줄어들면 질병이 있다는 신호이므로 꼭 병원에 가서 확인한다.

정기 건강 검진

질병을 조기에 발견하고 또 예방하기 위해 사람들이 정기 건강 검진을 받는 것과 똑같은 이유로 동물들에게도 건강 검진이 필요하다. 특히 동물들은 자신의 상태를 말로 표현할 수 없기 때문에 정확한 검사로 객관적인 상태를 확인할 필요가 있다. 또한 질병 때문에 생긴 변화를 노화라고 여기다가 치료 시기를 놓칠 수도 있다.

평소 병원 진료 기록을 보관해놓으면 반려동물이 어떤 병으로 병원을 자주 찾는지 확인할 수 있고 실제로 아파서 병원에 갔을 때 수의사가 정확한 진단을 내리는 데 큰 도움을 준다. 관절염이나 인지기능장애 같은 노령성 질환도 충분히 예방과 증상완화, 치료가 가능하기 때문에 정확한 검사를 받아보는 것이 중요하다.

여유로운 마음가짐

노령 반려동물의 건강을 위해 무엇보다 중요한 것은 주인의 여유로운 마음가짐이다. 반려동물의 변화된 행동과 반응에 무조건 혼내거나 고치려 하면, 몸과 마음이 약해진 반려동물에게 오히려 상처를 주는 것이다. 노화로 인한 변화를 받아들이고, 다양한 노화 증세로 생기는 불편을 최소화시켜주기 위해 더욱 신경 쓰고 노력하는 자세가 필요하다.

🐾 반려동물의 장수를 위한 특급 비법

치아 관리

오복 중의 하나인 건강한 치아는 반려동물에게도 중요하다. 치석, 즉 세균 덩어리가 치아에 끼면 음식과 함께 세균도 먹게 되어 각종 질병을 유발할 수 있다. 또 잇몸의 염증이 심장 판막에 영향을 미쳐서 치아가 좋지 않으면 수명이 짧아질 수밖에 없다. 매일 빼먹지 않고 이빨을 닦아주는 것은 기본 중의 기본, 정기적으로 스케일링을 해주는 것도 잊지 말자. 시중에서 판매하는 구강관리용 개껌을 활용해도 좋다. 하루 한 개씩 씹으면 치아 표면의 치석 형성을 예방해주는 효과가 있다.

비만 관리

장수하기 위해 무엇보다 신경 써야 할 것이 음식이다. 요즘에는 견종별, 나이별, 질병별로 다양한 사료가 나와 있기 때문에 반려동물에게 맞는 사료로 바꿔주면 더 건강하게 키울 수 있다. 동물도 나이가 들면 소화 능력이 떨어지기 때문에 어렸을 때 먹던 사료를 계속 먹이면 영양 성분

을 잘 흡수하지 못한다. 그래서 겉에서 보면 비만이지만 영양 결핍일 가능성이 높다. 따라서 그 나이에 맞는 사료를 먹이는 것이 좋다. 고양이 같은 경우에는, 단백질이 풍부한 습식 사료를 주면 충분한 수분을 공급해서 비만을 예방하고 신장의 관류량을 높여 신장 건강에도 도움을 줄 수 있다. 수분 공급은 피부 건강에도 매우 중요하므로 꼭 습식 사료를 주도록 한다.

수의사를 귀찮게 하라

노령의 반려동물에게 1년은 사람의 6년과 같다. 따라서 5세부터 적어도 6개월에 1번씩은 건강 검진을 받는 것이 좋다. 또 제때 예방접종을 시켜 전염병에 걸리지 않도록 하는 것도 중요하다.

협찬 도기파크 www.doggypark.net

펴낸날 초판 1쇄 2016년 2월 5일 ｜ 초판 4쇄 2018년 8월 20일

지은이 sky Pet'park 〈펫 닥터스〉 제작팀

펴낸이 임호준
본부장 김소중
책임 편집 김은정 ｜ **편집 3팀** 김민정 이민주 현유민
디자인 왕윤경 김효숙 정윤경 ｜ **마케팅** 정영주 길보민 김혜민
경영지원 나은혜 박석호 ｜ **IT 운영팀** 표형원 이용직 김준홍 권지선

인쇄 (주)웰컴피앤피

펴낸곳 비타북스 ｜ **발행처** (주)헬스조선 ｜ **출판등록** 제2-4324호 2006년 1월 12일
주소 서울특별시 중구 세종대로 21길 30 ｜ **전화** (02) 724-7676 ｜ **팩스** (02) 722-9339
포스트 post.naver.com/vita_books ｜ **블로그** blog.naver.com/vita_books ｜ **인스타그램** @vitabooks_official

ⓒ skyPetpark 〈펫 닥터스〉 제작팀 · Getty Images Bank, 2016

ISBN 979-11-5846-061-7   13490

• 이 도서의 국립중앙도서관 출판예정도서목록(CIP)은 서지정보유통지원시스템 홈페이지(http://seoji.nl.go.kr)와
  국가자료공동목록시스템(http://www.nl.go.kr/kolisnet)에서 이용하실 수 있습니다. (CIP제어번호: CIP2016001835)

• 비타북스는 독자 여러분의 책에 대한 아이디어와 원고 투고를 기다리고 있습니다.
  책 출간을 원하시는 분은 이메일 vbook@chosun.com으로 간단한 개요와 취지, 연락처 등을 보내주세요.

  비타북스는 건강한 몸과 아름다운 삶을 생각하는 (주)헬스조선의 출판 브랜드입니다.